Kurzschlußströme
beim Betrieb von Großkraftwerken

Von

Reinhold Rüdenberg

Professor, Dr.-ing. und Dr.-ing. e. h.
Chef-Elektriker der Siemens-Schuckertwerke
Privatdozent an der Technischen Hochschule
zu Berlin

Mit 60 Textabbildungen

Berlin
Verlag von Julius Springer
1925

ISBN-13:978-3-642-98281-1   e-ISBN-13:978-3-642-99092-2

DOI: 10.1007/978-3-642-99092-2

Softcover reprint of the hardcover 1st edition 1925

Vorwort.

Kurzschlußströme und Überspannungen sind zwei Fragenkomplexe, die für den Betrieb unserer elektrischen Netze von überragender Bedeutung sind. Sie verursachen einen großen Teil aller auftretenden Störungen und sind daher oft ausschlaggebend für die Zuverlässigkeit des Betriebs. Während eine Kurzschlußgefahr in modernen Verteilungsnetzen wegen der gut wirkenden Sicherungen für schwächere Ströme bei Kleinverbrauchern nicht mehr besteht, kann sie in den heutigen Großkraftwerken mit Leistungen von Hunderttausenden von Kilowatt mit solch zerstörender Gewalt in Erscheinung treten, daß schwere Leitungs- und Schaltanlagen im Augenblick zu Bruch gehen. Die Kurzschlußvorgänge müssen daher mit zu den wichtigsten technischen Faktoren beim Bau und Betrieb großer Anlagen gerechnet werden.

Im folgenden sollen die Ursachen, die Erscheinungsformen und die Wirkungen starker Kurzschlußströme eingehend behandelt werden und die in der Praxis auftretenden Fragen hierüber einer Lösung nähergeführt werden. Dabei ergeben sich ganz zwanglos die Gesichtspunkte, die zur Eindämmung überstarker Kurzschlußströme oder ihrer Folgeerscheinungen führen. Die Vorgänge in Ölschaltern mit ihren Auslösevorrichtungen für Überströme sowie Störungen durch Erdschlußvorgänge mit ihren Überspannungen sollen hier jedoch nicht besprochen werden.

Anlaß zu dieser Veröffentlichung gab ein Vortrag, den ich vor einiger Zeit im Wiener Elektrotechnischen Verein hielt. Die vorliegende Schrift stellt eine erweiterte Ausarbeitung desselben dar, besonders hinsichtlich derjenigen Fragen, die für den praktischen Betrieb von Interesse sind. Die Entwicklungen stützen sich zum großen Teil auf Erfahrungen und Versuche, die ich bei den Siemens-Schuckertwerken im Laufe vieler Jahre sammelte. Ihr Ziel ist, nicht lediglich eine qualitative Beschreibung der Vorgänge zu geben, sondern ihren Verlauf mit möglichst einfachen Mitteln rechnerisch so zu erfassen, daß eine quantitative Vorausbestimmung aller Kurzschlußerscheinungen möglich ist.

Bei den Literaturangaben am Ende des Textes habe ich mich im wesentlichen auf Veröffentlichungen der letzten zwei Jahre beschränkt, um nicht die frühere Zusammenstellung aus meinem Buche über „Elektrische Schaltvorgänge" wiederholen zu müssen.

Berlin, im Mai 1925.

R. Rüdenberg.

Inhaltsverzeichnis.

Seite

1. Einleitung 1
2. Dauerkurzschluß im Netz 6
3. Plötzlicher Kurzschluß des Generators 19
4. Wirkung der Kurzschlußströme im Netz 46
5. Abschalten der Kurzschlüsse 60

1. Einleitung.

In den ausgedehnten Wechselstromnetzen unserer Großkraftwerke pflegen erfahrungsgemäß durch eine ganze Reihe von Ursachen Kurzschlüsse zwischen den Leitungen einzutreten. Überspannungen können in Maschinen, Transformatoren und Schaltanlagen, sowie in Kabeln und Freileitungen zu Überschlägen führen, entweder von Pol zu Pol oder auch gegen Erde. Durchhängende Freileitungen können bei starkem Wind oder Rauh-

Abb. 1. Durch Kurzschluß zerstörte Kabel.

reif zusammenschlagen. Äste, Vögel, Ratten und andere Fremdkörper können zwischen die Leitungen geraten und Kurzschlüsse hervorrufen. Kabel können bei Bauarbeiten angehackt werden oder in ihren Muffen und Endverschlüssen durchschlagen. Starke, besonders stoßweise Überlastungen von Einankerumformern führen zu Kollektorüberschlägen mit ihren Rückwirkungen auf das Wechselstromnetz. Isolationsdefekte aller Art können vor allem bei unsachgemäßer Ausführung der Anlage entstehen, und schließlich bewirken falsche Schalthandlungen häufig ein vollständiges Kurzschließen des Netzes, entweder direkt beim Einschalten, oder beim Ausschalten durch Bildung leichtbeweglicher Lichtbögen, die zwischen die Leitungen geraten.

Die Folgen aller dieser Kurzschlüsse sind unter der Wirkung der hohen sich entwickelnden Ströme um so stärker, je größer die speisenden Kraftwerke sind. Während sich nämlich die Belastungsströme in ihrer Stärke im wesentlichen nach den Eigenschaften der Stromverbraucher richten, sind die Kurzschlußströme völlig unabhängig von der Verbraucherstelle und werden in ihrer Stärke lediglich durch die Eigenschaften der Erzeugungsstelle und der zwischenliegenden Netzteile bestimmt. Hierdurch wird es verursacht, daß die mit den Kurzschlüssen verknüpften unangenehmen Erscheinungen um so stärker werden, je größer die Kraftwerke sind und je mehr große Kraftwerke man zu einem einheitlichen Netz zusammenschließt. Man muß daher erwarten, daß die Kurzschlußerscheinungen bei der heutigen Zunahme der Kraftwerksgrößen immer stärker werden, wenn man sie nicht durch geeignete Mittel eindämmt.

Abb. 2. Durch Kurzschluß gesprengter Stromwandler.

Zwei Wirkungen beherrschen das Bild sämtlicher Kurzschlußzerstörungen vor allem, nämlich die mechanischen Wirkungen durch Anziehung oder Abstoßung der Leiter, in denen die Kurzschlußströme fließen, und die Wärmewirkungen der Ströme. Beide treten oft mit großer Plötzlichkeit und ungeheurer Stärke auf und nehmen manchmal die sonderbarsten Formen an. Abb. 1 zeigt Teile eines durch Kurzschlußströme zerstörten 20 000 Volt-Kabels, bei dem die Umhüllung zerrissen ist und die einzelnen Leiter heraustreten. In Abb. 2 ist ein durch Kurzschlußströme gesprengter Stromwandler dargestellt.

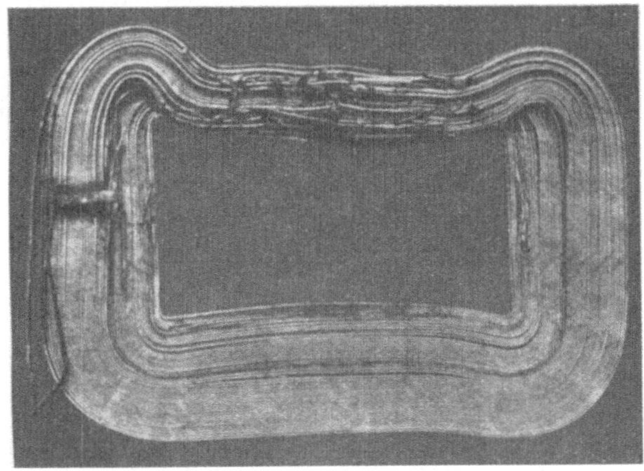

Abb. 3. Durch Kurzschluß zerknickte Transformatorspule.

Abb. 4. Wicklungsbrand nach innerem Kurzschluß im Generator.

Die im Durchführungsisolator hin- und zurückführenden Ströme stoßen einander ab und üben daher gewaltige Druckkräfte auf den Porzellankörper aus. Man vermeidet diese Sprengwirkung durch den Bau von Einleiter-Stromwandlern mit geradliniger Starkstromführung. In Abb. 3 ist eine durch Kurzschluß verbogene Transformatorspule gezeigt, bei der die Wicklung unter dem Einfluß der Ströme und ihres Streufeldes vollständig deformiert ist. Abb. 4 gibt das Bild eines Turbogenerators wieder, dessen

Abb. 5. Schaltkontakte nach schwerem Kurzschluß.

Wicklung nach einem inneren Kurzschluß verbogen und verbrannt ist. Abb. 5 zeigt die Wirkung eines schweren Kurzschlusses auf Schaltkontakte im Innern eines Ölschalters. Man sieht, daß vor allem der Funkenzieher starke Schmelzwirkungen zeigt. Ungenügende oder schlecht angezogene Kontakte aller Art geben beim Durchfluß von Kurzschlußströmen weithin fliegendes Spritzfeuer, das häufig Überschläge zwischen den Leitungen und nach Erde einleitet. Abb. 6 zeigt die Trümmer eines Schalters nach einem verheerenden Kurzschlußfeuer, das durch Überschlag der Isolatoren

Abb. 6. Schalterzerstörung durch äußeren Kurzschluß.

Abb. 7. Wiederholtes Einschalten auf schweren Kurzschluß.

hervorgerufen war, und in Abb. 7 sind an einem besonders krassen Falle Wirkungen dargestellt, die durch häufig wiederholtes Schalten auf Kurzschluß hervorgerufen wurden, wobei der Schalter mitsamt dem Schalthaus in die Luft flog.

Derartige schwere Zerstörungen, die leider jedem Betriebsleiter geläufig sind, wenn er auch nur ungern eingehende Mitteilungen darüber macht, verlangen gebieterisch Abhilfe. Diese ist natürlich nur möglich durch sorgfältigste sachgemäße Projektierung und Montage sämtlicher Maschinen, Apparate und Leitungen und erfordert eine genaue Kenntnis des Mechanismus der Kurzschlußvorgänge. Wir wollen daher im folgenden untersuchen, in welcher Weise und mit welcher Stärke sich die Kurzschlußströme in unseren Großkraftwerken entwickeln können. Wenn auch Gleichstromnetze bei großer Ausdehnung ebenfalls durch Kurzschlüsse gefährdet sein können, so wollen wir hier doch nur Wechselstromnetze betrachten, da diese für die Energieverteilung über weite Landstrecken am wichtigsten sind.

2. Dauerkurzschluß im Netz.

Zunächst betrachten wir den einfachsten Fall, daß der Kurzschluß in der Hauptleitung des Generators stattfindet, deren Ohmscher Widerstand im allgemeinen gering ist. Die Selbstinduktion oder der Blindwiderstand des Stromkreises nach Abb. 8 bestimmt gemeinsam mit der Spannung vor dem Kurzschluß die Stärke des sich entwickelnden Stromes. Man bestimmt den Kurzschlußstrom häufig dadurch, daß man die treibende Spannung

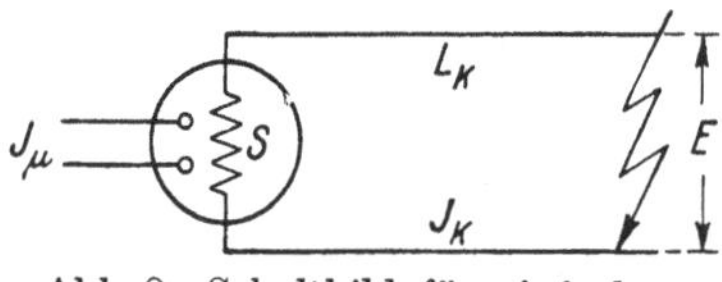

Abb. 8. Schaltbild für einfachen Netzkurzschluß.

durch den Blindwiderstand dividiert. Das liefert aber in vielen Fällen wesentlich andere Ströme, als sie wirklich beobachtet werden. Man kann durch diese einfache Rechnung je nach der Definition von Spannung oder Blindwiderstand Abweichungen bis zu $100^0/_0$ und mehr von der Wirklichkeit erhalten. Da man nun die Bemessung der Leitungen und der gesamten Apparatur, wie die vorhergehenden Abbildungen zeigen, nicht nach den Lastströmen, sondern unbedingt nach den Kurzschlußströmen

richten muß, so ist eine genauere Methode zu ihrer Bestimmung
wünschenswert.

Den richtigen Kurzschlußstrom erhalten wir am einfachsten
durch ein graphisches Diagramm nach Abb. 9. Dort ist
die Leerlaufspannung E des speisenden Generators abhängig
vom Magnetisierungsstrom J_μ aufgetragen, was die bekannte
gekrümmte Form jeder Generatorcharakteristik liefert:

$$E = f(J_\mu). \qquad (1)$$

Sie stellt die bei jeder Magnetisierung des Generators in der
Statorwicklung induzierte Spannung dar. Um den Kurzschluß-

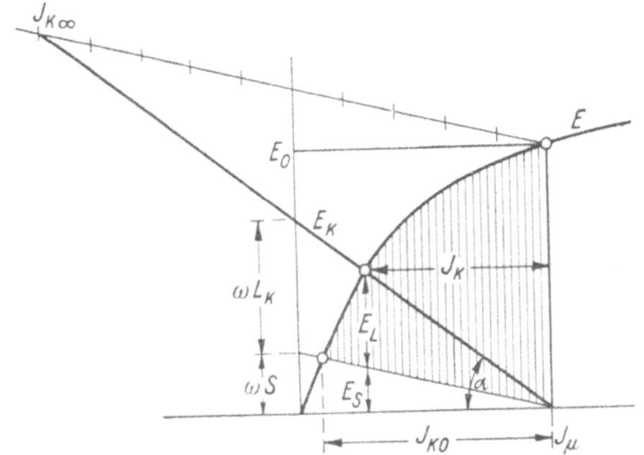

Abb. 9. Charakteristikdiagramm für Netzkurzschluß.

strom J_k durch den Leitungskreis zu treiben, ist nun eine
Spannung erforderlich, die ausreicht, um die Streuspannung E_S
in der Generatorwicklung und die Selbstinduktionsspannung E_L
im Außenkreis zu überwinden. Diese Kurzschlußspannung ist
daher mit den Bezeichnungen der Abb. 8

$$E_k = E_S + E_L = J_k(\omega\,S + \omega\,L_k), \qquad (2)$$

wenn man den Ohmschen Widerstand zunächst vernach-
lässigt. Da die Streuung S des Generators und die Selbstinduktion L_k der äußeren Leitungen konstant sind, so wird der
Zusammenhang von Kurzschlußstrom und treibender Spannung
nach Gleichung (2) durch eine gerade Linie dargestellt.

Der Kurzschlußstrom fließt durch die Ständerwicklung des Generators und entmagnetisiert als reiner Blindstrom das Feld desselben. Er wirkt daher dem Erregerstrom J_μ entgegen, und zwar in einem Maß, das durch das Windungsverhältnis von Ständer und Läufer bestimmt wird. Wenn wir daher die durch Gleichung (2) gegebene Kurzschlußcharakteristik des Netzes unter dem Winkel

$$\operatorname{tg} \alpha = \frac{E_k}{J_k} = \omega\, S + \omega\, L_k \tag{3}$$

rückwärts vom Läufer-Erregerstrom auftragen, so erhalten wir für jeden Punkt derselben den restlichen, wirklich zur Feldbildung übrig bleibenden Wert der magnetisierenden Ströme. Da nun der Kurzschlußstrom nach Gleichung (2) unter der Wirkung der Spannung nach Gleichung (1) zustande kommt, so daß für den stationären Betrieb

$$E = E_k \tag{4}$$

ist, so wird der wirkliche Arbeitszustand des Generators durch den Schnittpunkt der beiden Charakteristiken dargestellt. Damit ergibt sich sofort der wirkliche Kurzschlußstrom J_k in Abb. 9 — natürlich unter Berücksichtigung des Diagrammaßstabes — und außerdem die wirkliche induzierte Spannung, von der ein Teil E_S zur Überwindung der Streuspannung im Generator verbraucht wird, während der andere Teil E_L an den Generatorklemmen herrscht und den Strom durch den Außenkreis treibt.

Für verschiedene Lagen der Kurzschlußstelle im Netz und entsprechenden Blindwiderstand des Außenkreises kann man nach Gleichung (3) und Abb. 9 die zugehörige Lage der Kurzschlußcharakteristik leicht finden, indem man im geeigneten Maßstab den Blindwiderstand auf der Ordinatenachse aufträgt. Weit entfernte Kurzschlüsse ergeben großen Blindwiderstand und steile Charakteristik. Dabei wird der Kurzschlußstrom gering, und die Klemmenspannung des Generators wird nur etwas kleiner als die Leerlaufspannung E_0. Bei Klemmenkurzschluß dagegen ist die äußere Selbstinduktion Null, der Strom wird allein durch die Streuinduktion des Generators begrenzt, und es ergibt sich die tiefste Lage der Kurzschlußcharakteristik und der größte Kurzschlußstrom J_{k_0}. Da dieser Strom und die ihm zugehörige

Streuspannung stets aus der Maschinenberechnung bekannt sind,
so liegt dadurch der Maßstab des Diagramms ohne weiteres fest.

Bei verschiedenartigen Kurzschlußlagen überstreicht die
Kurzschlußcharakteristik den schraffierten Bereich
des Diagramms, dessen Breite stets die Größe des
Kurzschlußstromes, und dessen Höhe die restierende
Klemmenspannung des Generators angibt. Im Diagramm
der Abb. 9 ist der Übersicht halber noch der Wert 'des Kurzschlußstromes $J_{k\infty}$ angegeben, den man errechnen würde, wenn
man die Rückwirkung des Stromes im Generator vernachlässigen
würde und einfach die Leerlaufspannung durch den äußeren
Blindwiderstand dividierte. Der Strom würde natürlich viel zu
groß erhalten. Aber auch eine Hinzufügung der Maschinen-
streuung und der Ankerrückwirkung reicht zur genauen Bestimmung der Ströme nicht aus. Man muß vielmehr auch die
Sättigung im Generator richtig miterfassen, was nur durch die
Berücksichtigung der gekrümmten Charakteristik möglich ist
und auf das einfache graphische Diagramm der Abb. 9 führt.

Im allgemeinen entstehen Kurzschlüsse nicht bei leerlaufen-
dem Generator, sondern während des vollen Betriebes des Kraftwerkes, so daß die Maschinen vor Eintritt des Kurzschlusses
eine erhebliche Vorbelastung besitzen. Dann fließt im Generator nicht der Leerlauf-Erregerstrom wie in Abb. 9, sondern
ein wesentlich höhe-
rer Erregerstrom, der
die Ankerrückwir-
kung des normalen
Netzstromes aus-
gleicht. Bei heutigen
Maschinen ist diese
meist so groß, daß
man den Erreger-
strom vervielfachen
muß. Entsprechend

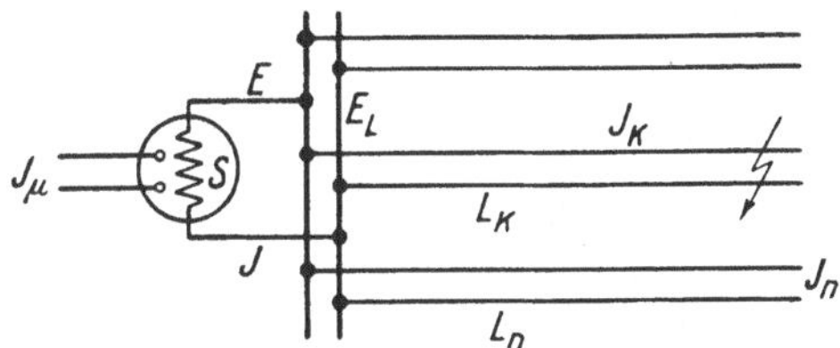

Abb. 10. Schaltbild für Netzkurzschluß bei
Vorbelastung.

den Bezeichnungen von Abb. 10 tritt der induktive Vorbelastungsstrom J_n jetzt noch zum Kurzschlußstrom J_k hinzu und ergibt
den gesamten Maschinenstrom

$$J = J_n + J_k.\tag{5}$$

Die Klemmenspannung E_L ergibt sich aus der wirklich im Generator induzierten Spannung E unter Abzug der Streuspannung E_S zu

$$E_L = E - E_S. \tag{6}$$

Für die Kurzschlußspannung, die sowohl den Netzstrom wie den Kurzschlußstrom durch die Leitungen und den Generator treibt, ergeben sich wegen der parallel geschalteten kranken und gesunden Zweige zwei Beziehungen, nämlich

$$E_k = \omega\, S\, J + \omega\, L_k\, J_k = \omega\, S\, J + \omega\, L_n\, J_n. \tag{7}$$

Daraus erhält man für das Verhältnis von Kurzschlußspannung und Maschinenstrom

$$\frac{E_k}{J} = \operatorname{tg}\alpha = \omega\, S + \frac{\omega\, L_k \cdot \omega\, L_n}{\omega\, L_k + \omega\, L_n}. \tag{8}$$

Das ist ein konstanter, vom Strom unabhängiger Wert, so daß die Kurzschlußcharakteristik wieder durch eine gerade Linie dargestellt wird.

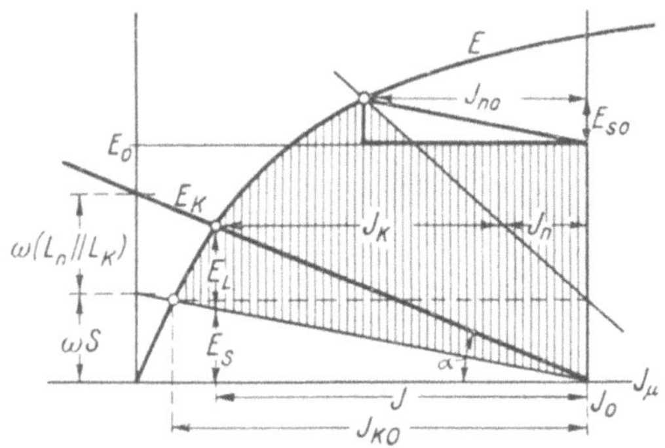

Abb. 11. Charakteristikdiagramm für Netzkurzschluß
nach Vorbelastung.

In Abb. 11 ist außer der Leerlaufcharakteristik E des Generators der Erregerstrom J_0 für belasteten Zustand dargestellt, der durch die bekannte Konstruktion des Potierschen Dreiecks gegeben ist, und rückwärts von diesem Erregerstrom ist die eben bestimmte Kurzschlußcharakteristik aufgetragen. Ihr Schnittpunkt mit der Leerlaufcharakteristik ergibt wieder die wirkliche im Generator erzeugte Spannung E und den gesamten im Generator fließenden Strom J. Die Spannung teilt sich wieder auf in die innere Streuspannung E_S und die äußere Klemmenspannung E_L. Der Strom teilt sich ebenfalls in den Kurzschlußstrom J_k und den sonstigen Netzstrom J_n. Zur richtigen Bestimmung des letzteren muß man beachten, daß er zwar vor dem Kurzschluß den vollen Wert J_{n_0} besaß, daß er sich aber wegen der sinkenden Klemmenspannung proportional mit dieser verkleinert und daher bei Klemmenkurzschluß und tiefster Lage der Kurzschlußcharakteristik verschwindet. Für zwischenliegende Werte läßt er sich durch die gezeichnete Verbindungslinie interpolieren.

Die schraffierte Fläche in Abb. 11 stellt nunmehr wieder durch ihre Breite den tatsächlichen Kurzschlußstrom, durch ihre Höhe die Klemmenspannung beim Kurzschluß dar. Für Klemmenkurzschluß bleibt nur der Blindwiderstand der Streuung übrig, die Kurzschlußcharakteristik erhält dann ihre tiefste Lage und läuft parallel der Hypotenuse des Potierschen Dreiecks in Abb. 11, deren Neigung ja ebenfalls durch das Verhältnis von Streuspannung zu Strom bestimmt ist. Durch dieses Dreieck, das für jeden Generator bekannt ist, wird auch direkt der Maßstab des Kurzschlußstromes im Verhältnis zum Vorbelastungsstrome ohne weitere Rechnung bestimmt.

Für beliebige Lagen der Kurzschlußstelle im Netz muß man nach Gleichung (8) den Widerstand der Parallelschaltung von Netzinduktanz und Kurzschlußinduktanz ausrechnen und diesen Blindwiderstand in gleichem Maßstab wie die Streuinduktanz in Abb. 11 auf der Abszissenachse nach oben auftragen, um die jeweilige Lage der Kurzschlußcharakteristik zu erhalten. Bei weit entfernten Kurzschlüssen ergibt sich auch hier ein geringer Kurzschlußstrom, während der Netzstrom einigermaßen erhalten bleibt. Bei Klemmenkurzschluß erreicht der Kurzschlußstrom seinen Höchstwert, der Netzstrom wird Null. Bei einer Erregung, die der normalen Belastung des Generators entspricht, liegt bei heutigen Generatoren der Klemmenkurzschlußstrom zwischen dem 1,5- und 3fachen Werte des Normalstromes.

Wenn die Widerstände im Kurzschlußkreise nicht mehr zu vernachlässigen sind, was besonders bei entfernt liegenden Kurzschlüssen der Fall ist, so kann man sie im Dia-

gramm in guter Annäherung mit berücksichtigen. Die Kurzschlußspannung ist dann gegeben durch

$$E_k = \sqrt{(E_S + E_L)^2 + E_R^2}, \tag{9}$$

wobei E_R den Ohmschen Spannungsabfall bedeutet. Strom und
Spannung besitzen nunmehr eine geringere Phasenverschiebung
als $90°$, deren Größe sich bestimmt aus

$$\operatorname{tg} \varphi = \frac{E_S + E_L}{E_R} = \frac{\omega S + \omega L}{R}. \tag{10}$$

Im Generator wirkt jetzt nicht mehr der gesamte Kurzschlußstrom entmagnetisierend, sondern nur sein Blindstrom J_b, der
sich berechnet zu

$$J_b = J \sin \varphi = J \frac{E_S + E_L}{E_k}. \tag{11}$$

Die Neigung der Kurzschlußcharakteristik wird damit

$$\operatorname{tg} \alpha = \frac{E_k}{J_b} = \frac{(E_S + E_L)^2 + E_R^2}{J(E_S + E_L)} = \omega S + \omega L + \frac{R}{\operatorname{tg} \varphi}. \tag{12}$$

Man erkennt daraus, daß die Kurzschlußcharakteristik auch
bei Berücksichtigung des Widerstandes geradlinig bleibt, daß sie
aber im Vergleich mit Gleichung (3) mit wachsendem Widerstand
ein wenig gehoben wird. Erst für Ohmsche Leitungswiderstände,
die in die Größenordnung des Blindwiderstandes von Netz und Generator kommen, ist der Einfluß erheblich. Für mäßige Widerstände
ist er von quadratisch kleiner Größe, wie man durch Einsetzen von
Gleichung (10) erkennt. Die Kurzschlußströme werden also
durch die Wirkung des üblichen Ohmschen Widerstandes
der Leitungen im allgemeinen nur ein wenig verkleinert.
Die Größe der im Generator induzierten Spannung wird wieder
durch den Schnittpunkt von Netz- und Generatorcharakteristik
bestimmt. Die Aufteilung in Streuspannung und Klemmenspannung, sowie auch die Bestimmung der Netz- und Kurzschlußströme selbst nimmt man jetzt am besten analytisch nach
den letzten Beziehungen vor, unter Berücksichtigung der verschiedenen Phasenwinkel der Teilspannungen und Teilströme.

Häufig erfolgt der Kurzschluß nicht zwischen allen drei Leitungen eines Drehstromnetzes wie in Abb. 12a, sondern nur zwischen zwei Leitungen, also zweipolig wie in Abb. 12b, oder zwischen einer Leitung und dem Sternpunkt der Generator wicklung, also einpolig wie in Abb. 12c. Die jetzt entste-

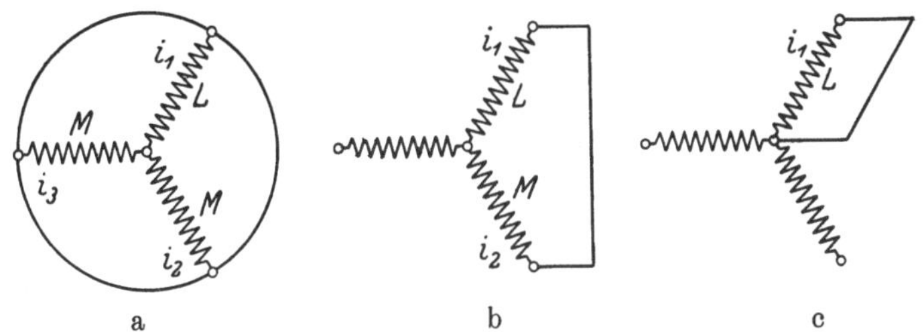

Abb. 12. Generatorwicklungen bei drei-, zwei- und einpoligem Kurzschluß.

henden einphasigen Kurzschlußströme stellen sich wesentlich größer ein, weil ihre Ankerrückwirkung nur viel geringer ist.

Während die dreiphasigen Kurzschlußströme in den drei Phasenwicklungen des Ständers ein synchron rotierendes Drehfeld als Rückwirkungsfeld ausbilden, bleibt beim zweipoligen Kurzschluß eine Phasenwicklung des Ständers ganz unbeeinflußt. Die nunmehr einphasigen Kurzschlußströme fließen nur in zwei Phasenwicklungen in Reihe und entwickeln dabei ein reines Wechselfeld im Generator, das sich in zwei gegenläufige Drehfelder von je halber Amplitude aufspalten läßt. Das rückwärts gegen den Läufer rotierende Feld wird durch dessen Dämpfer- und Erregerwicklung vernichtet, und nur das synchron mit dem Läufer rotierende Teilfeld übt eine Rückwirkung

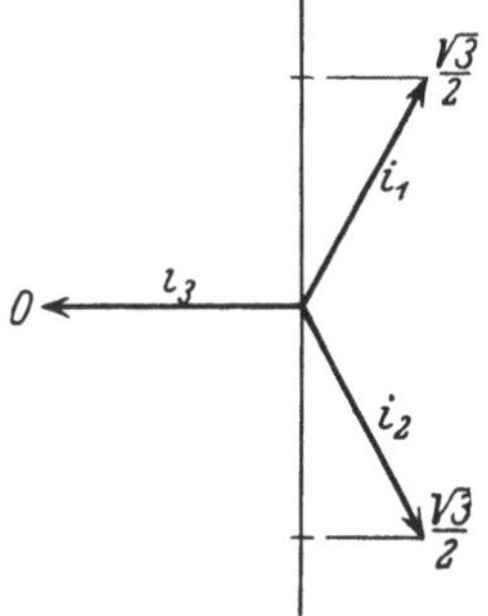

Abb. 13. Amperewindungen bei drei- und zweipoligem Kurzschluß.

auf diesen aus, die daher im Vergleich zur Wirkung des dreiphasigen Rückwirkungsfeldes von halber Größe ist.

Die Stromverteilung in der Ständerwicklung ist beim zweipoligen Kurzschluß die gleiche, wie sie bei dreipoligem Kurzschluß in dem Augenblick wäre, in dem der Strom der dritten Phase durch Null geht. Dies ist in Abb. 13 vektoriell dargestellt.

Bei dieser Phasenlage besitzen die Ströme in den betrachteten Wicklungen bei Drehstromdurchfluß trotz vollen Feldes nur den $\sqrt{3}/2$-ten Teil ihres Maximalwertes. Das Ständerwechselfeld ist daher bei einphasigem vollen Stromdurchfluß $2/\sqrt{3}$ mal stärker als das dreiphasige Drehfeld. Bezeichnen wir den dreiphasigen wirksamen Ständerstrombelag, der für die entmagnetisierende Wirkung nach Abb. 9 oder 11 in Betracht kommt, mit A_3, so wird der wirksame Strombelag des synchron rotierenden Drehfeldanteiles beim zweipoligen Kurzschluß demnach bei gleichem effektiven Strome:

$$A_2 = \frac{1}{2}\,\frac{2}{\sqrt{3}}\,A_3 = \frac{A_3}{\sqrt{3}}. \qquad (13)$$

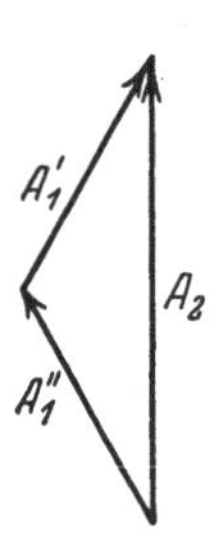

Abb. 14. Amperewindungen bei zwei- und einpoligem Kurzschluß.

Der einpolige Kurzschlußstrom übt natürlich eine noch geringere Ankerrückwirkung aus, die wir mit der eben bestimmten zweipoligen Rückwirkung vergleichen wollen. Würden die beiden Phasenwicklungen des zweipoligen Kurzschlusses nach Abb. 12 b gleichachsig in der Ständerwicklung liegen, so würde die Rückwirkung beim einpoligen Kurzschluß nach Abb. 12 c gerade halb so groß sein. Da sie jedoch räumlich um 120^0 versetzt sind, so setzen sich ihre Amperewindungen nach Abb. 14 nur zu einem resultierenden Werte vom $\sqrt{3}$ fachen Betrage zusammen. Damit ergibt sich die Stärke der Ankerrückwirkung des einpoligen Kurzschlusses zu

$$A_1 = \frac{1}{\sqrt{3}}\,A_2 = \frac{1}{3}\,A_3. \qquad (14)$$

Diese drei Magnetisierungswerte der Kurzschlußströme sind in Abb. 15 rückwärts vom Erregerstrom J_0 ab im richtigen Verhältnis zueinander aufgetragen.

Um die Kurzschlußcharakteristiken einzutragen, müssen wir auch die wirksame Streureaktanz der drei verschiedenen Fälle in Vergleich setzen. Bezeichnen wir mit A die Selbstinduktion einer Phasenwicklung des Ständers und mit M die Wechselinduktion zwischen je zwei Phasenwicklungen und beachten, daß diese Werte für sämtliche drei Wicklungszweige

die gleichen sind, so ist die in jeder Phasenwicklung induzierte
Streuspannung mit Bezug auf Abb. 12 stets

$$e' = \frac{d}{dt}\left(\Lambda\, i_1 + M\, i_2 + M\, i_3\right). \qquad (15)$$

Bei dreipoligem Drehstromdurchfluß ist der Strom i_1
in der betrachteten Phasenwicklung jederzeit gleich der Summe
der Ströme i_2 und i_3 in den beiden anderen Wicklungen. Die
Größe der verketteten Streuspannung an den Klemmen der

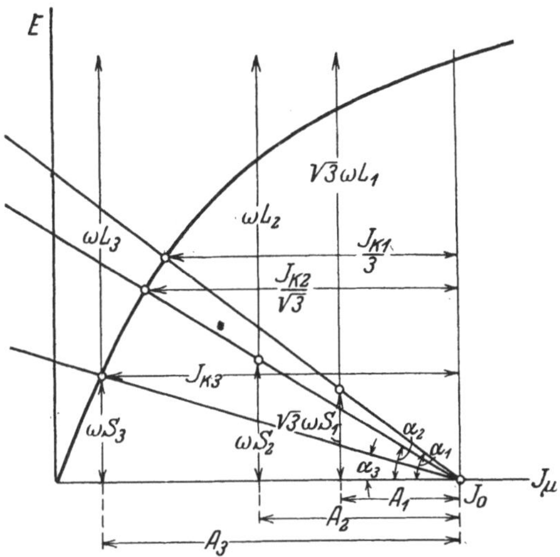

Abb. 15. Kurzschlußcharakteristiken für drei-, zwei-
und einpoligen Kurzschluß.

Ständerwicklung ist daher unter Berücksichtigung der Phasenverschiebung von 120^0

$$e_3^\lambda = \sqrt{3}\, e' = \sqrt{3}\,(\Lambda + M)\frac{d\,i_1}{d\,t}. \qquad (16)$$

Bei zweipoligem einphasigen Stromdurchfluß verschwindet i_3, und der Strom i_1 der betrachteten Phasenwicklung
wird ebenso groß wie i_2 in der anderen Wicklung. Die Streuspannung an den Klemmen setzt sich nunmehr aus den gleich-
phasigen Streuspannungen beider Wicklungen zusammen zu

$$e_2' = 2\,e' = 2\,(\Lambda + M)\frac{d\,i_1}{d\,t}. \qquad (17)$$

Da Gleichung (16) und (17) sich nur durch den Zahlenfaktor unterscheiden, so stehen die Streuinduktanzen ωS beim zweipoligen und dreipoligen Stromdurchfluß in einem festen Verhältnis. Sie sind verknüpft durch die Beziehung

$$\omega S_2 = \frac{2}{\sqrt{3}}\, \omega S_3 . \tag{18}$$

Beim einpoligen Stromdurchfluß durch nur eine einzige Phasenwicklung bleibt für deren Streuspannung von Gleichung (15) nur das erste Glied bestehen. Da wir sämtliche Streu- und Leerlaufspannungen bisher auf die Klemmen der Maschine bezogen haben, so wollen wir dies zum Vergleich auch mit der einpoligen Streuspannung tun, indem wir mit $\sqrt{3}$ multiplizieren. Sie wird alsdann

$$e_1^\wedge = \sqrt{3}\, e' = \sqrt{3}\, \varLambda\, \frac{d\,i_1}{d\,t} . \tag{19}$$

Damit erhalten wir für die reduzierte einpolige Streureaktanz im Vergleich zur dreipoligen nach Gleichung (16) die Beziehung

$$\sqrt{3}\,\omega S_1 = \frac{\sqrt{3}\,\varLambda}{\sqrt{3}\,(\varLambda + M)}\,\omega S_3 = \frac{1}{1 + \dfrac{M}{\varLambda}}\,\omega S_3 . \tag{20}$$

Während die zweipolige Streuung nach Gleichung (18) demnach stets ein wenig größer als die dreipolige ist, wird die auf die Klemmen reduzierte einpolige nach Gleichung (20) immer etwas kleiner und richtet sich nach dem Verhältnis von Wechselinduktion zu Selbstinduktion der Phasenwicklungen. Im allgemeinen liegt dieses zwischen 0 und $^1/_2$, so daß die reduzierte einpolige Streuung zwischen dem einfachen und $^2/_3$-fachen Wert der dreipoligen Streuung liegt.

In Abb. 15 sind nun über den Ankerrückwirkungen A der 1-, 2- und 3-poligen Kurzschlußströme die zugehörigen Streureaktanzen ωS aufgetragen, und zwar ausgehend von den bekannten Werten für den dreipoligen Kurzschluß. Zieht man die geradlinigen Kurzschlußcharakteristiken durch die Endpunkte der Streuungsstrecken, so erkennt man, daß sie für zwei- und einpoligen Kurzschluß stets steiler liegen als für dreipoligen Kurzschluß. Ihre Neigungen verhalten sich für den zweipoligen Kurzschluß nach Gleichung (18) und (13) wie

$$\frac{\operatorname{tg}\alpha_2}{\operatorname{tg}\alpha_3} = \frac{\omega S_2}{A_2} \cdot \frac{A_3}{\omega S_3} = 2\,, \tag{21}$$

und für den einpoligen Kurzschluß nach Gleichung (20) und (14) wie

$$\frac{\operatorname{tg}\alpha_1}{\operatorname{tg}\alpha_3} = \frac{\sqrt{3}\,\omega S_1}{A_1} \cdot \frac{A_3}{\omega S_3} = \frac{3}{1 + \dfrac{M}{\Lambda}}\,, \tag{22}$$

ein Wert, der stets zwischen 2 und 3 liegt.

Die Restspannungen im Generator, die sich durch den Schnitt der Kurzschlußlinien mit der Leerlaufcharakteristik ergeben, bleiben beim einphasigen Schluß stets größer als beim dreiphasigen Kurzschluß; die Schwächung des Erregerstromes durch die Ankerrückwirkung wird gleichzeitig geringer. Da nun aber die wirksamen Statorwindungszahlen für den zwei- und einpoligen Kurzschlußfall nach Gleichung (13) und (14) entsprechend den Zahlenwerten $\sqrt{3}$ und 3 geringer geworden sind, so muß man zur Bestimmung der tatsächlich auftretenden Kurzschlußstromstärken im Ständer, im Vergleich mit der des dreipoligen Kurzschlusses, die Amperewindungsstrecken mit eben diesen Faktoren multiplizieren. In Abb. 15 ist dies an den entsprechenden J_k-Strecken vermerkt. **Dadurch wird der zweipolige Kurzschlußstrom stets größer als der dreipolige, und der einpolige Kurzschlußstrom noch wesentlich größer als der zweipolige.**

Würde die Leerlaufcharakteristik in Abb. 15 außerordentlich steil verlaufen, oder die Streuung selbst nur sehr gering sein, so würde sich die Länge der von den drei Kurzschlußlinien abgeschnittenen J_k-Strecken nur wenig unterscheiden. Der zweipolige Klemmenkurzschlußstrom würde in diesem Grenzfall bis zum $\sqrt{3}$-fachen Werte, der einpolige bis zum 3-fachen Werte des dreipoligen Kurzschlußstromes ansteigen. Wegen der erheblichen Neigung der Leerlaufcharakteristik sind jedoch die Kurzschlußstrecken des ein- und zweipoligen Kurzschlusses stets geringer als die des dreipoligen Kurzschlusses, so daß man in der Praxis unter diesen Zahlenwerten bleibt. Im Mittel erhält man nach

Abb. 15 beim zweipoligen Kurzschluß den 1,5-fachen und beim einpoligen Kurzschluß den 2,5-fachen Betrag des dreipoligen Kurzschlußstromes.

Findet der Kurzschluß nicht an den Klemmen des Generators, sondern weit ab im Netze statt, so muß man die Induktanz der Netzleitungen zu der jeweiligen Streuinduktanz addieren, so wie es in Abb. 15 angedeutet ist. Beim einphasigen Kurzschluß ist dabei die tatsächliche Induktanz der Leitungen durch Multiplikation mit $\sqrt{3}$ ebenfalls auf die Klemmenspannung zu reduzieren, um mit der Leerlaufcharakteristik richtig vereinigt werden zu können.

Selbsttätige Spannungsregler, die heute vielfach verwendet werden, versuchen auch bei Kurzschluß die Spannung der Generatoren aufrecht zu erhalten und verstärken daher ihre Erregung. Sie vergrößern dadurch den Kurzschlußstrom bis zum Extrem ohne jede nützliche Wirkung. Derartige Regler müssen daher bei eintretendem Kurzschluß unbedingt außer Betrieb kommen. Man schaltet sie entweder derart um, daß sie nunmehr auf konstanten Strom arbeiten, oder aber man schwächt die Erregung des Generators durch ein besonderes Kurzschlußstromrelais.

Die größte absolute Höhe des Kurzschlußstromes kann natürlich an den Klemmen des Generators oder an den Generatorsammelschienen auftreten. Je weiter entfernt der Kurzschluß liegt, um so geringer ist seine absolute Stromstärke. Da jedoch wegen der vielfachen Verzweigung der Netze die Normalströme für entfernte Abzweige sehr viel schneller gering werden als der Blindwiderstand der Kurzschlußbahnen wächst, so wird das Verhältnis von Kurzschlußstrom zu Normalstrom, also das relative Maß, mit wachsender Entfernung vom Kraftwerk bei verzweigten Netzen immer größer. Während der dreipolige Klemmenkurzschlußstrom auch in ungünstigen Fällen stets unter dem dreifachen Werte des Normalstromes bleibt, kann der Kurzschlußstrom von kleinen Abzweigen leicht das H̶ ᷉dert- und Mehrfache ihres Normalstromes betragen. Man muß derartige Zweigleitungen alsdann durch Einschalten von Drosselspulen mit angemessen hohem Blindwiderstand besonders schützen, damit diese Leitungen und ihre Apparatur nicht beim Kurzschluß vollständig verbrennen.

Die quantitative Wirkung von Drosselspulen auf die Stärke der Kurzschlußströme ist sehr verschieden, je nachdem sie in der Nähe des Kraftwerks oder weit ab von diesem arbeiten. Abb. 16 zeigt, daß man in der Nähe des Klemmenkurzschlußstromes durch Verdoppeln einer gewissen Reaktanz vor dem Generator nur eine unwesentliche Verminderung des Stromes erreicht, besonders bei stark gesättigten Generatoren. Hier richtet sich die Stärke des Kurzschlußstromes vielmehr hauptsächlich nach der Größe der Erregung des Generators und nach der Ankerrückwirkung. Arbeitet man dagegen weit entfernt vom Kraftwerk, mit steiler Kurzschlußcharakteristik und mit Kurzschlußströmen, die den Generator gar nicht stark belasten, so erzielt man nach Abb. 16 durch eine Verdoppelung der vorgeschalteten Reaktanz nahezu eine Halbierung des Kurzschlußstromes, während sich die Klemmenspannung bei eintretendem Kurzschluß nur wenig ändert. In diesem Bereich ist fast nur die Spannung und die Reaktanz für die Entwicklung der Kurzschlußströme maßgebend, während die Erregung und die Stärke der Ankerrückwirkung des Generators nur eine nebensächliche Rolle spielen. Hier läßt sich die Stärke der Kurzschlußströme durch den Quotienten von Spannung und Reaktanz ausreichend genau berechnen.

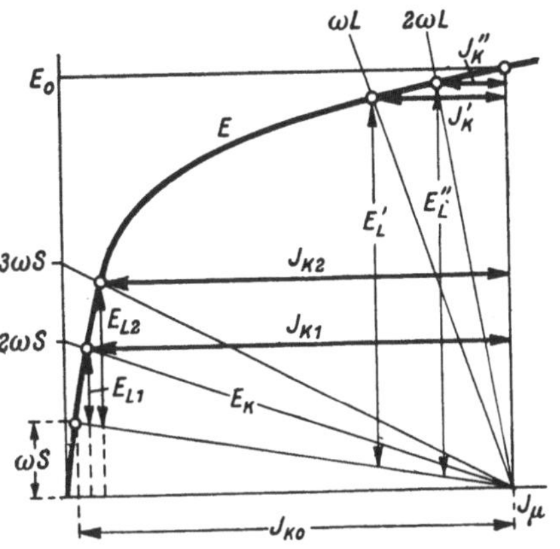

Abb. 16. Einfluß von Drosselspulen im Kraftwerk und in Ausläufern.

3. Plötzlicher Kurzschluß des Generators.

Man hat im praktischen Betriebe, besonders in u. Nähe der Kraftwerke, Kurzschlußwirkungen beobachtet, die auf noch weit größere Ströme als die eben berechneten schließen lassen. Während z. B. bei Turbogeneratoren der dreiphasige Dauerkurzschlußstrom an den Klemmen den Wert des doppelten Normalstroms kaum übertreffen wird, hat man dort Kraftwirkungen beobachtet, die dem 20-, ja 30- und Mehrfachen des Normalstromes entsprechen. In der Tat zeigen Oszillogramme, daß sich beim plötzlichen Eintreten des Kurzschlusses

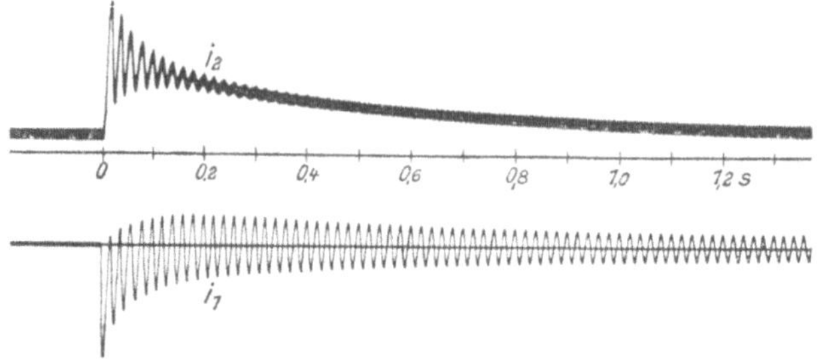

Abb. 17. Stromverlauf i_1 im Ständer und i_2 im Läufer eines Drehstromgenerators nach dreiphasigem Klemmenkurzschluß.

ungeheuer große Stromstöße entwickeln, die durch den nicht stationären Schaltvorgang bedingt sind, und die ein Vielfaches der Dauerkurzschlußströme betragen.

Abb. 17 zeigt den Stromverlauf i_1 im Ständer und i_2 im Läufer eines Turbogenerators von 5000 kVA Leistung bei drei-

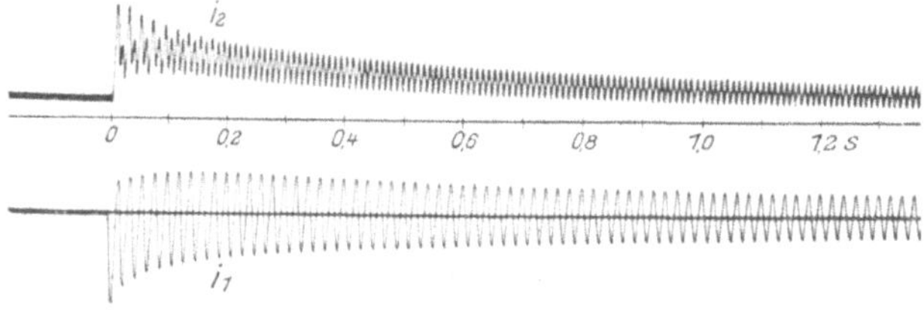

Abb. 18. Stromverlauf i_1 im Ständer und i_2 im Läufer eines Drehstromgenerators nach einphasigem Klemmenkurzschluß.

phasigem Klemmenkurzschluß, Abb. 18 bei einphasigem Klemmenkurzschluß. Während ein schleichender Isolationsfehler beim allmählichen Anwachsen auf den Dauerkurzschlußstrom führt, bewirkt ein plötzlicher Kurzschluß das Auftreten riesenhafter, Überströme, die erst nach etlichen Sekunden auf den Dauerkurzschlußstrom abklingen. Diese Stoßströme können noch dazu wie nach Abb. 17 im Anfang einseitig verlagert sein und entwickeln alsdann so große Kräfte, daß sie zum vollständigen Zusammenbruch von Maschinen, Transformatoren und Apparaten entsprechend den eingangs dargestellten Bildern führen können. Abb. 19 zeigt die Wicklung eines älteren Generators, die durch derartige Stromstöße zusammengeknickt ist.

Abb. 19. Durch Kurzschluß zerknickte Generatorwicklung.

Man fand bald, nachdem man sich mit den Ursachen dieser Erscheinung beschäftigte, daß die Stoßkurzschlußströme sehr wesentlich von der magnetischen Streuung der Wicklungen abhängen und bemühte sich, diese durch geeignete Bauweise, besonders der Generatoren, zu vergrößern. Während früher der Wunsch nach geringem Spannungsabfall bei Belastung auf kleine Generatorstreuung geführt hatte, die man auf etwa 3 bis $4\,^0/_0$ bemaß, sah man sich notgedrungen gezwungen, die Streuung weiter und weiter zu vergrößern, um

im praktischen Betriebe Wicklungsbrüche zu vermeiden. Selbst
eine Verdoppelung der Streuung führte noch nicht zum Ziel,
wie man aus beistehender Tabelle ersieht, in der eine Reihe

Streuung und Wicklungsfestigkeit von Generatoren.

Leistung KVA	Spannung Volt	Stirn- und Nuten-Streu-spannung $^0/_0$	Wicklungsart	Bemerkungen
910	6575	10,84	Seil	
7500	5300	8,55	2 - Stab	
2500	3150	13,07	Seil	
2000	6150	13,07	Seil	
1550	400	9,35	1 - Stab	
4000	2050	6,85	Seil	Verbinder-Bruch
14000	12500	8,80	Seil	Wicklungs-Bruch
6250	3150	9,63	2 - Stab	
2000	530	13,76	1 - Stab	
2000	5250	12,40	Seil	
9715	5150	9,15	1 - Stab	
1550	1050	6,80	Seil	
934	775	10,60	1 - Stab	
3130	2100	14,20	Seil	
7150	2150	7,84	1 - Stab	
10000	6150	8,00	Seil	Wicklungs-Bruch
4000	6300	10,7	Flach-Leiter	
820	525	14,2	1 - Stab	
1220	5150	15,0	Seil (1 phas.)	
1550	525	14,5	1 - Stab	

von Generatoren aus jener Zeit zusammengestellt sind. Man
erkennt aus ihr, daß man mindestens etwa $12^0/_0$ Streuung
im Generator anwenden muß, und daß man dabei — vor
allem bei Seilwicklung — eine kräftige mechanische Versteifung
vorsehen muß, wenn man wirklich wicklungsfeste Generatoren
erreichen will, die jedem Kurzschlußstoß der Anlage gewachsen
sind. Abb. 20 stellt einen derartigen Turbogenerator für 4000 kVA
Leistung bei 3000 U/min dar. Um die Kurzschlußfestigkeit
aller Generatoren sicher zu stellen, muß heute verlangt werden,
daß jeder Generator bei der normalen Probe in der
Werkstatt auch einem plötzlichen Klemmenkurzschluß
bei voller Spannung unterworfen wird, dem er anstands-
los standhalten muß.

Die Erscheinungen, die sich beim plötzlichen Kurzschluß
im Generator abspielen, sind recht komplizierter Natur. Wir

müssen sie dennoch verfolgen, wenn wir Aufschluß über die Größe und den zeitlichen Verlauf der Stoßströme erhalten wollen. Am übersichtlichsten werden die Kurzschlußvorgänge im Generator, wenn wir nicht nur im Ständer, sondern auch im Läufer ein mehrphasiges Wicklungssystem zugrunde legen, das dort in

Abb. 20. Turbogenerator mit kurzschlußfester Wicklung.

Wirklichkeit durch Dämpferwicklungen und massive Eisenteile meist in ausreichender Weise dargestellt ist. Abb. 21 stellt diese Schaltung schematisch dar. Um einen einfachen Rechnungsgang zu erhalten, wollen wir nicht die einzelnen Ströme in ihren Wicklungsphasen verfolgen, sondern wir wollen nur die gesamten mehrphasigen Stromsysteme betrachten, die längs des Umfanges nahezu sinusförmig verteilt sind und im

Ständer und Läufer umlaufen können, so wie es in Abb. 22 schematisch dargestellt ist. Außer den Dauerströmen in den Wicklungen bilden sich nach jedem Schaltprozeß, also auch nach dem plötzlichen Kurzschluß, freie Ströme aus, deren Umlaufgeschwindigkeit nicht mit der Umdrehungsfrequenz ω des Läufers übereinzustimmen braucht. Die freien Stromsysteme können vielmehr im Ständer wie im Läufer eine andere Geschwindigkeit besitzen, jedoch muß ihre Ständerfrequenz α natürlich stets gleich der Summe aus Umdrehungsfrequenz und Läuferfrequenz β sein. Es gilt daher die Beziehung

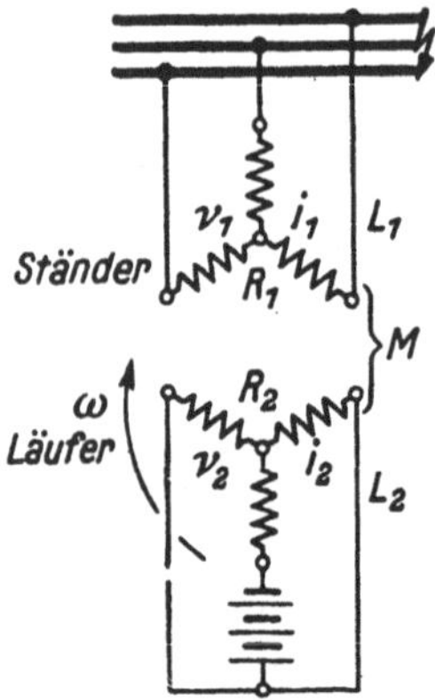

Abb. 21. Schaltbild für plötzlichen Kurzschluß von Generatoren.

$$\alpha = \omega + \beta. \qquad (23)$$

Während die Dauerströme durch die Erregerspannung in der Maschine hervorgerufen werden, fließen nach dem Schaltprozeß noch freie Ausgleichsströme im Ständer und im Läufer, die ohne äußere Spannungen bestehen und allmählich abklingen. Sie gehorchen daher mit den Bezeichnungen der Abb. 21 den Beziehungen

$$\left. \begin{aligned} L_1 \frac{d i_1}{dt} + R_1 i_1 + M \frac{d i_2}{dt'} &= 0, \\ L_2 \frac{d i_2}{dt} + R_2 i_2 + M \frac{d i_1}{dt'} &= 0. \end{aligned} \right\} \qquad (24)$$

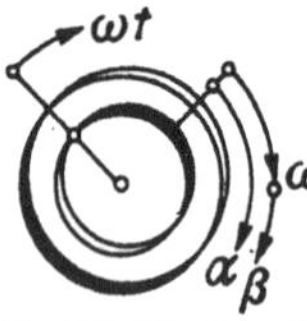

Abb. 22. Frei umlaufende Stromsysteme im Generator.

Dieses Gleichungssystem können wir durch einen harmonischen Ansatz für den Verlauf der Ströme mit der Ständerfrequenz α und der Läuferfrequenz β lösen:

Dabei wird durch
$$i_1 = J_1 \, \varepsilon^{j \alpha t}; \quad i_2 = J_2 \, \varepsilon^{j \beta t}. \qquad (25)$$
$$\varepsilon^{j \alpha t} = \cos \alpha t + j \sin \alpha t$$

ein sinusförmig oder cosinusförmig verlaufender Strom dargestellt, wenn α reell ist und durch

$$\varepsilon^{j \alpha t} = \varepsilon^{-\bar{\alpha} t}$$

ein exponentiell abklingender Strom, wenn α imaginär sein sollte.

Wenn wir diese Ausdrücke in die Differentialgleichungen (24) einsetzen, so müssen wir beachten, daß durch die Differentialquotienten die induktive Beeinflussung der Wicklung durch ein Drehstromsystem dargestellt wird. Da durch die letzten Glieder der Gleichung (24) die Induktion zwischen bewegtem Läufer und ruhendem Ständer widergegeben wird, so müssen wir die Wirkung der Läuferfrequenz β auf den Ständer um das Maß ω vergrößern und die Wirkung der Ständerfrequenz α auf den Läufer um das Maß ω verkleinern, um die Wirkung der Läuferrotation richtig zu berücksichtigen. Wir erhalten dann zwischen den Amplituden und Frequenzen der Stromsysteme aus Gleichung (24) die Beziehung

$$\left.\begin{array}{l} j\,\alpha\,L_1\,J_1 + R_1\,J_1 + j\,\alpha\,M\,J_2 = 0, \\ j\,\beta\,L_2\,J_2 + R_2\,J_2 + j\,\beta\,M\,J_1 = 0. \end{array}\right\} \quad (26)$$

Um einen Ausdruck für die noch unbekannten Frequenzen zu erhalten, schaffen wir die Stromamplituden heraus, indem wir aus beiden Gleichungen deren Verhältnis bilden

$$\frac{J_1}{J_2} = \frac{-j\,\alpha\,M}{R_1 + j\,\alpha\,L_1} = \frac{R_2 + j\,\alpha\,L_2}{-j\,\beta\,M}. \quad (27)$$

Durch Ausmultiplizieren ergibt sich daraus

$$\alpha\,\beta\,(L_1\,L_2 - M^2) = R_1\,R_2 + j\,(\alpha\,L_1\,R_2 + \beta\,L_2\,R_1). \quad (28)$$

Wenn wir hierin zur Vereinfachung die Streuziffer

$$\frac{L_1\,L_2 - M^2}{L_1\,L_2} = \sigma \quad (29)$$

und die Dämpfungsziffern

$$\frac{R_1}{\sigma\,L_1} = \varrho_1; \qquad \frac{R_2}{\sigma\,L_2} = \varrho_2 \quad (30)$$

einführen, so erhalten wir unter Benutzung von Gleichung (23) die Beziehung

$$\alpha^2 - \alpha\,[\omega + j\,(\varrho_1 + \varrho_2)] = \sigma\,\varrho_1\,\varrho_2 - j\,\omega\,\varrho_1. \quad (31)$$

Dies ist eine quadratische Gleichung für die Kreisfrequenz α des freien Ständerstromes, die somit durch die Umdrehungsfrequenz, die Widerstände und die Streuungen des

Generators bestimmt wird. Die allgemeine Lösung dieser komplexen Gleichung ist möglich, aber außerordentlich unübersichtlich. Wir wollen sie daher zunächst für **symmetrische Wicklungen in Ständer und Läufer** lösen, bei denen

$$\varrho_1 = \varrho_2 = \varrho = \frac{R}{\sigma L} \tag{32}$$

ist. Dann erhält man die quadratische Beziehung

$$\alpha^2 - \alpha(\omega + 2j\varrho) = \sigma \varrho^2 - j\omega\varrho, \tag{33}$$

und deren Lösung ist recht einfach, nämlich

$$\left.\begin{aligned} \alpha &= \left(\frac{\omega}{2} + j\varrho\right) \pm \sqrt{\left(\frac{\omega}{2} + j\varrho\right)^2 + \sigma\varrho^2 - j\omega\varrho} \\ &= j\varrho + \omega\left[\frac{1}{2} \pm \sqrt{\left(\frac{1}{2}\right)^2 - \left(\frac{\varrho}{\omega}\right)^2(1-\sigma)}\,\right]. \end{aligned}\right\} \tag{34}$$

Die Ständerfrequenz zerfällt also rechnungsmäßig in einen imaginären und einen reellen Anteil. Der erstere ergibt bei Einführung in den Exponenten von Gleichung (25) ein negativ reelles, also ein Dämpfungsglied. Bezeichnet man die reelle Frequenz der Gleichung (34) mit

$$\nu = \omega\left[\frac{1}{2} \pm \sqrt{\left(\frac{1}{2}\right)^2 - \left(\frac{\varrho}{\omega}\right)^2(1-\sigma)}\,\right], \tag{35}$$

so erhält man daher für den zeitlichen Stromverlauf

$$i_1 = J_1\,\varepsilon^{-\varrho t}\cdot\varepsilon^{j\nu t} = J_1\,\varepsilon^{-\varrho t}(\cos\nu t + j\sin\nu t). \tag{36}$$

Den imaginären sinusförmigen Strom können wir dabei als bedeutungslos ansehen, da er nur die Phase bestimmt. Man erkennt jetzt, daß **im Ständer als Ausgleichsstrom nach dem Schalten abklingender Wechselstrom auftritt**. Seine **Dämpfung nach Gleichung (32) und seine Frequenz nach Gleichung (35) sind beide im wesentlichen abhängig vom Verhältnis von Widerstand zu Streuinduktion.**

Für kleine Widerstände gegenüber den Streuinduktanzen, die im allgemeinen vorhanden sind, ist die Dämpfung ϱ der Ausgleichsströme nach Gleichung (32) recht gering. Die Frequenz ν wird wegen des doppelten Vorzeichens vor der Wurzel in Gleichung (35) mehrdeutig und hat die beiden Näherungswerte

$$\left.\begin{aligned}
\frac{\nu'}{\omega} &= \left(\frac{\varrho}{\omega}\right)^2 (1-\sigma), \\
\frac{\nu''}{\omega} &= 1 - \left(\frac{\varrho}{\omega}\right)^2 (1-\sigma).
\end{aligned}\right\} \tag{37}$$

Die eine Frequenz ist sehr klein, die andere ist fast gleich der Umdrehungsfrequenz. Wir erkennen daraus, daß im allgemeinen zwei Frequenzen und daher zwei verschiedene Ausgleichsstromsysteme und auch zwei mit ihnen verknüpfte abklingende Drehfelder auftreten, von denen das eine mit ganz geringer Schlüpfung an der Ständerwicklung, das andere mit der gleichen kleinen Schlüpfung an der Läuferwicklung festhängt und entsprechend deren Widerstands- und Streuungsverhältnissen verlöscht. Diese beiden Stromsysteme können nun viel stärker werden als das normale Stromsystem und bestimmen dann vorherrschend den Verlauf der Erscheinungen.

Nach jedem plötzlichen Kurzschluß fließen daher drei Stromanteile in der Ständerwicklung: der Dauerkurzschlußstrom mit der Frequenz ω, der Stoßwechselstrom mit der Frequenz ν'', die nicht viel von ω abweicht, und dessen Stromsystem an der Läuferwicklung klebt, und ein Strom mit der außerordentlich kleinen Frequenz ν', dessen Stromsystem an der Ständerwicklung klebt, und der nahezu einen Stoßgleichstrom darstellt, da er selbst bei kleinem Widerstand schon lange vor Eintritt des ersten Stromwechsels abgeklungen ist. Die Frequenz dieses Stromes und ebenso die Schlupffrequenz des Stoßwechselstromes berechnet sich bei kleiner Streuziffer σ nach Gleichung (37) und (32) zu

$$\frac{\nu'}{\omega} = 1 - \frac{\nu''}{\omega} \simeq \left(\frac{\varrho}{\omega}\right)^2 = \left(\frac{R}{\omega\,\sigma L}\right)^2 = \left(\frac{E_R}{E_S}\right)^2. \tag{38}$$

Wenn das Verhältnis der Ohmschen Spannung zur Streuspannung $10^0/_0$ beträgt, so ist die Schlüpfung der freien Drehfelder daher $1^0/_0$ der Umdrehungsfrequenz.

Die Zeitkonstante, mit der die Ausgleichsströme abklingen, ist gleich der reziproken Dämpfungsziffer, also nach Gleichung (36) und (32)

$$T = \frac{1}{\varrho} = \frac{\sigma L}{R} = \frac{1}{\omega}\frac{E_S}{E_R}. \tag{39}$$

Für symmetrische Ständer- und Läuferwicklungen ergibt sich daher für beide Stromanteile die gleiche Abklingungsgeschwindigkeit.

In Wirklichkeit sind diese beiden Wicklungen aber meist verschieden aufgebaut, so daß wir eine genauere Lösung der Frequenz- und Dämpfungsgleichung (31) suchen müssen. Wir wollen dabei beachten, daß in allen praktischen Fällen, besonders auch bei Kurzschlüssen weit ab vom Generator, zwar nicht der Widerstand der Ständerkreise, wohl aber der Läuferwiderstand gegenüber der Läuferstreuung stets sehr klein ist. Das bedeutet nach Gleichung (30), daß ϱ_2 stets klein gegenüber ω ist. Um diese Aussage zu verwerten, lösen wir die komplexe quadratische Gleichung (31) für α zunächst formal auf. Sie hat die Wurzeln

$$\alpha = \frac{\omega + j(\varrho_1 + \varrho_2)}{2} \pm \sqrt{\frac{[\omega + j(\varrho_1 + \varrho_2)]^2}{4} + \varrho_1(\sigma\varrho_2 - j\omega)}. \tag{40}$$

Durch andere Zusammenfassung der imaginären Glieder unter dem Wurzelzeichen können wir dies auch schreiben

$$\alpha = \frac{\omega + j(\varrho_1 + \varrho_2)}{2} \pm \sqrt{\frac{[\omega - j(\varrho_1 + \varrho_2)]^2}{4} + \varrho_2(\sigma\varrho_1 + j\omega)}. \tag{41}$$

Hierin ist nun das zweite Glied des Radikanden nach der eben gemachten Voraussetzung stets klein gegenüber dem ersten, so daß wir die Wurzel in einer Reihe entwickeln können. Unter Vernachlässigung der Glieder höherer Ordnung erhalten wir damit für kleines ϱ_2

$$\alpha = \frac{\omega + j(\varrho_1 + \varrho_2)}{2} \pm \frac{\omega - j(\varrho_1 + \varrho_2)}{2} \pm \frac{\varrho_2(\sigma\varrho_1 + j\omega)}{\omega - j(\varrho_1 + \varrho_2)}. \tag{42}$$

Im letzten Gliede dieses Ausdruckes wollen wir noch den komplexen Nenner fortschaffen. Wenn wir dabei konsequenterweise wiederum ϱ_2 gegenüber ω streichen, so wird es

$$\frac{\varrho_2(\sigma\varrho_1+j\omega)}{\omega-j(\varrho_1+\varrho_2)}=\frac{\omega\varrho_1\varrho_2(1-\sigma)+j\varrho_2(\omega^2+\sigma\varrho_1{}^2)}{\omega^2+\varrho_1{}^2}. \quad (43)$$

Nunmehr können wir alle reellen und alle imaginären Glieder von Gleichung (42) für sich zusammenfassen und erhalten unter Beachtung der Vorzeichen als Wurzeln der komplexen Gleichung (31) für kleinen Läuferwiderstand

$$\left.\begin{aligned}\alpha'&=\frac{\omega\varrho_1\varrho_2(1-\sigma)}{\omega^2+\varrho_1{}^2}+j\left[(\varrho_1+\varrho_2)-\frac{\varrho_2(\omega^2+\sigma\varrho_1{}^2)}{\omega^2+\varrho_1{}^2}\right]\\ \alpha''&=\left[\omega-\frac{\omega\varrho_1\varrho_2(1-\sigma)}{\omega^2+\varrho_1{}^2}\right]+j\frac{\varrho_2(\omega^2+\sigma\varrho_1{}^2)}{\omega^2+\varrho_1{}^2}\end{aligned}\right\}. \quad (44)$$

Da wir hier für die Ständerfrequenz wieder Ausdrücke von der komplexen Form

$$\alpha=\nu+j\varrho \quad (45)$$

erhalten haben, wobei sich sowohl für die Frequenz ν wie für den Dämpfungsfaktor ϱ je zwei Werte ergeben, so wird der zeitliche Stromverlauf beim Einsetzen von Gleichung (45) in (25) dargestellt durch

$$i_1=J_1'\,\varepsilon^{-\varrho't}\cos\nu' t+J_1''\,\varepsilon^{-\varrho''t}\cos\nu'' t. \quad (46)$$

Die Frequenzen sind darin nach Gleichung (44) bestimmt durch

$$\left.\begin{aligned}\frac{\nu'}{\omega}&=\frac{\varrho_1\varrho_2(1-\sigma)}{\omega^2+\varrho_1{}^2}\\ \frac{\nu''}{\omega}&=1-\frac{\varrho_1\varrho_2(1-\sigma)}{\omega^2+\varrho_1{}^2}\end{aligned}\right\}. \quad (47)$$

Die Summe der Frequenzen ist also stets gleich ω. Die Dämpfungsexponenten ergeben sich durch weitere Zusammenfassung der imaginären Glieder von Gleichung (44) zu

$$\left.\begin{aligned}\varrho'&=\varrho_1+\varrho_2\frac{\varrho_1{}^2(1-\sigma)}{\omega^2+\varrho_1{}^2}\\ \varrho''&=\varrho_2-\varrho_2\frac{\varrho_1{}^2(1-\sigma)}{\omega^2+\varrho_1{}^2}\end{aligned}\right\}. \quad (48)$$

Ihre Summe hat ebenfalls einen sehr einfachen Wert.

Wir sehen hieraus, daß auch bei großem Ständerwiderstand stets zwei Ausgleichsstrom-Systeme auftreten, die sich mit nur kleinen Schlüpfungen gegenüber dem Ständer und dem Läufer bewegen. Bei geringem Ständerwiderstand, also ϱ_1 ungefähr so klein wie ϱ_2, gehen die Werte von Gleichung (47) richtig in die früheren Näherungswerte der Gleichung (37) über. Bei großem Ständerwiderstand wachsen die Schlüpfungen erst an, um nach Überschreitung eines Maximums für $\varrho_1 = \omega$, also für Widerstand gleich Streuung, wiederum geringer zu werden. Selbst dies Maximum hat aber wegen des kleinen Läuferwiderstandes ϱ_2 nur einen geringen Zahlenwert, der bei Vernachlässigung der Streuziffer σ mit dem halben Werte von ϱ_2/ω, also mit der Hälfte des Verhältnisses von Läuferwiderstand zu Läuferstreuung übereinstimmt.

Die Dämpfungen der beiden Stromsysteme sind bei ungleichen Ständer- und Läuferwiderständen unter sich verschieden. Bei Klemmenkurzschluß ist auch der Ständerwiderstand gering, so daß das zweite Glied der Gleichungen (48) verschwindet. Dabei wird das am Ständer hängende Stromsystem J_1', das wegen der sehr kleinen Schlüpfung nach Gleichung (47) nahezu einen Gleichstrom darstellt, nur entsprechend dem Ständerwert ϱ_1 gedämpft, während das mit dem Läufer bewegte Wechselstromsystem J_1'' lediglich eine dem Läuferwert ϱ_2 entsprechende Dämpfung aufweist. Die Abklingungszeitkonstanten beider Ströme werden daher bei Klemmenkurzschluß

$$\left.\begin{aligned} T_1 &= \frac{1}{\varrho_1} = \frac{\sigma L_1}{R_1} = \frac{1}{\omega}\frac{E_{S_1}}{E_{R_1}} \\[2mm] T_2 &= \frac{1}{\varrho_2} = \frac{\sigma L_2}{R_2} = \frac{1}{\omega}\frac{E_{S_2}}{E_{R_2}} \end{aligned}\right\}, \qquad (49)$$

wobei die Dämpfungsfaktoren nach Gleichung (30) eingesetzt sind. Bei mittelgroßen Maschinen für 50 Per/sec erhält man z. B. für einen Ständer, dessen Ohmsche Spannung $^1/_{10}$ der Streuspannung ist,

$$T_1 = \frac{10}{2\,\pi\,50} = 0{,}032 \text{ sec},$$

und für einen Läufer, bei dem dies Verhältnis $1/100$ beträgt,

$$T_2 = \frac{100}{2\,\pi\,50} = 0{,}32 \text{ sec}.$$

Da exponentiell abklingende Ströme nach Ablauf etwa der drei-
bis vierfachen Zeitkonstante unmerklich geworden sind, so ist
in diesem Beispiel die Dauer des Stoßgleichstromes, der am
Ständer hängt, etwa $^1/_{10}$ sec, die des Stoßwechselstromes, der
am Läufer hängt, etwa 1 sec. In der Praxis ergeben sich oft
noch viel längere Zeiten.

In Abb. 23 ist der zeitliche Verlauf der beiden Ausgleichs-
Stoßströme bildlich dargestellt. Beim einen ist die Periode lang,
die Dämpfungszeit kurz, beim andern ist die Periode kurz und
die Dämpfungszeit lang. Dadurch ergibt sich trotz der mathe-
matisch gleichartigen Formulierung ein physikalisch
wesentlich verschiedenes Bild beider Ströme.

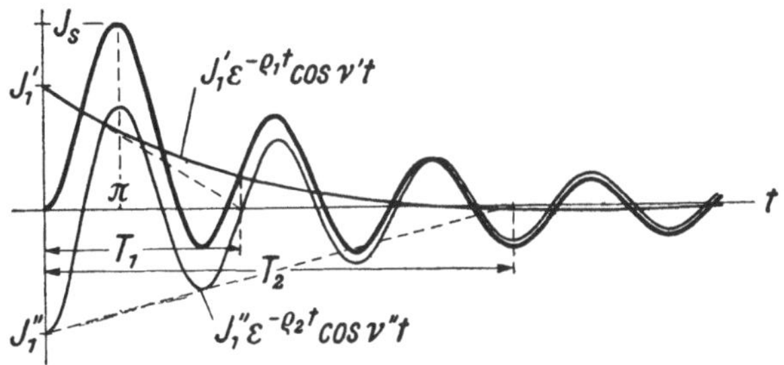

Abb. 23. Entwicklung des Stoßkurzschlußstromes.

Ist der Ständerwiderstand der Leitungskreise erheblich, so tritt in den Gleichungen (48) noch das zweite
Glied hinzu. Dadurch wird zwar die Dämpfung des Stoßgleichstromes vergrößert, die des Stoßwechselstromes jedoch vermindert. Der Zahlenwert der Änderung ist für beide Ströme
derselbe, er spielt aber gegenüber dem großen ϱ_1 nur eine
geringfügige Rolle, während er gegenüber dem kleinen ϱ_2 stark
ins Gewicht fällt. Wir erhalten also das eigentümliche Ergebnis,
daß mit zunehmendem Ständerwiderstand zwar der
Stoßgleichstrom schneller und schneller verschwindet,
daß aber gleichzeitig der Stoßwechselstrom länger
und länger erhalten bleibt. Seine Dämpfung vermindert
sich schließlich bis zu einem Grenzwert, der sich für sehr
großes ϱ_1 nach der zweiten Gleichung (48) zu $\sigma \varrho_2$ ergibt, der
also im Verhältnis der Streuziffer geringer ist als die Dämpfung

bei kleinem Ständerwiderstand. Im umgekehrten Maße vergrößert sich natürlich die Zeitkonstante T_2 der Stoßwechselströme.

Der Anfangswert der Stoßströme ergibt sich wie bei jedem Wechselstrom als Quotient von wirksamer Spannung und Induktanz, wenn wir uns jetzt wieder auf geringe Widerstände beschränken. Da im Augenblick eines plötzlichen Kurzschlusses das Magnetfeld im Generator noch seinen ursprünglichen Betrag behält, so kommt die unmittelbar vor dem Schaltmoment vorhandene Spannung E in Frage. Zur Induktanz liefert beim plötzlichen Klemmenkurzschluß lediglich die Streuung der Maschine einen Beitrag, bei Kurzschlüssen im Netz kommt die Selbstinduktion der Leitungen noch hinzu.

Daher ergibt sich der Anfangswert im Schaltmoment für beide Stromanteile zu

$$J_1' = J_1'' = \frac{E}{\omega \sigma L} = \frac{E}{\omega S} = J_n \frac{E}{E_S}. \tag{50}$$

Dabei ist im letzten Ausdruck an Stelle der Streuinduktanz ωS der Quotient der Streuspannung und des Normalstromes eingeführt. Da die Streuspannung stets nur ein Bruchteil der Netzspannung ist, so erkennt man, daß beide Stromamplituden ein erhebliches Vielfaches des Normalstromes betragen. Bei $12\,{}^0/_0$ Streuung beginnt jeder Ausgleichsstrom mit dem 8,5fachen Werte des Normalstromes.

Die beiden Ströme sind in Abb. 23 so gezeichnet, daß sie zu Anfang, also im Augenblick des Kurzschließens entgegengesetzte Richtung haben, so daß sie sich dort gegenseitig aufheben. Dies ist erforderlich, um den störungsfreien Anschluß an die vorherige nur geringe Stromstärke zu erhalten. Kurze Zeit nach dem Eintritt des Kurzschlusses addieren sich nun beide Ausgleichsströme, so daß entsprechend Abb. 23 nach einer halben Periode ein hoher Spitzenwert J_s entsteht. Während dieser Zeit ist aber bereits eine gewisse Dämpfung eingetreten, die berücksichtigt werden muß, wenn man nicht übergroße Werte errechnen will. Für diese Zeit ist nach Gleichung (47) stets genau genug

$$\nu'' t = \omega t = \pi; \qquad t = \frac{\pi}{\omega}. \tag{51}$$

Der am Läufer hängende Ausgleichswechselstrom nach Gleichung (46) hat dann seine Richtung gerade umgekehrt, während der am Ständer hängende gleichstromartige Teil seine Phase nur wenig geändert hat. Den Höchstwert des gesamten Stoßstromes erhält man daher für kleine Widerstände in guter Näherung zu

$$J_s = J_1' \varepsilon^{-\frac{\pi \varrho_1}{\omega}} + J_1'' \varepsilon^{-\frac{\pi \varrho_2}{\omega}}$$
$$= J_n \frac{E}{E_S}\left(\varepsilon^{-\pi \frac{E_{R_1}}{E_{S_1}}} + \varepsilon^{-\pi \frac{E_{R_2}}{E_{S_2}}}\right) \tag{52}$$
$$= J_n \frac{E}{E_S}\varkappa,$$

wenn man in die Dämpfungsglieder der Gleichung (46) die Zeit nach Gleichung (51) einführt und dann die Dämpfungsexponenten nach Gleichung (48) und (49) durch die Spannungsverhältnisse ersetzt. Die Summe der Exponentialausdrücke ist dabei in den Zahlenwert $\varkappa$ zusammengefaßt.

Für die gleichen Verhältnisse von Widerstandsspannung und Streuspannung im Ständer und Läufer wie im letzten Beispiel erhält man für diesen Zahlenwert

$$\varkappa = \varepsilon^{-\frac{\pi}{10}} + \varepsilon^{-\frac{\pi}{100}} = 1{,}70. \tag{53}$$

Bei geringeren Dämpfungen nähert sich dieser Faktor dem Werte 2, und man erkennt nunmehr aus der letzten Gleichung (52), daß man bei $12^0/_0$ Streuung Spitzenwerte des Stoßkurzschlußstromes erhält, die im allgemeinen zwischen dem 14- und 16fachen Betrage des Normalstromes liegen. Ändert man die Klemmenspannung E des Generators bei sonst gleichbleibenden Maschinenwerten, so ändert sich nach Gleichung (52) der Kurzschlußstrom im gleichen Verhältnis.

Der weitere Verlauf des Stoßstromes ist in Abb. 23 dargestellt. Während er zu Anfang durch die Wirkung des gleichstromartigen Gliedes einseitig der Nullinie verläuft, schlängelt er sich schließlich als reiner Wechselstrom symmetrisch um dieselbe und verlöscht dabei.

Die letzten Überlegungen ergeben mit ihrer Abb. 23 sowohl qualitativ wie quantitativ genau das gleiche Bild des Stromverlaufes, das wir in Abb. 7 oszillographisch erhalten hatten. Wir sehen, daß die Vorgänge unmittelbar nach dem Kurzschluß fast ausschließlich durch die Ausgleichs-Stoßströme beherrscht werden. Zur Bewertung des Stoßstromes hinsichtlich seiner mechanischen Kräfte muß man die eben berechnete höchste Amplitude benutzen, und sie auf die Amplitude des Normalstromes beziehen. Ein Vergleich der Effektivwerte, der manchmal angestrebt wird, hat wegen der von der Sinusform gänzlich abweichenden Kurvenform hier natürlich keinen Sinn.

Nicht nur Synchrongeneratoren, sondern auch Asynchronmotoren entwickeln derartige Stoßströme, wenn sie an ihren Klemmen oder über Leitungen plötzlich kurzgeschlossen werden. Denn auch in ihnen kann das Feld nicht plötzlich verschwinden, sondern braucht hierzu eine gewisse Zeit, und während dieser Übergangszeit entwickeln sich abklingende Ausgleichsströme, die nach genau denselben Gleichungen (24) verlaufen. Abb. 24 zeigt den oszillographischen Verlauf der Ständer- und

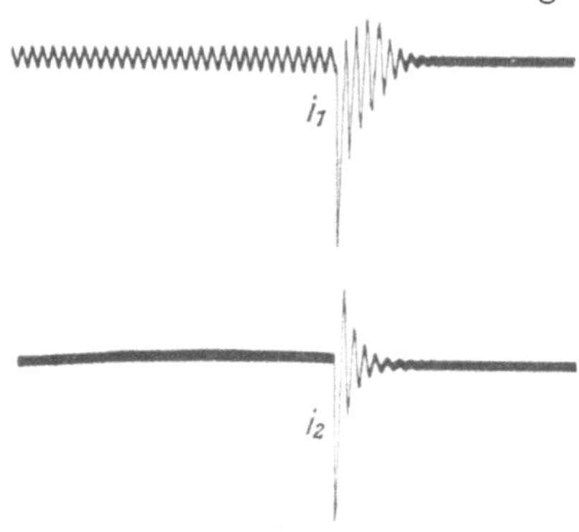

Abb. 24. Stromverlauf i_1 im Ständer und i_2 im Läufer eines Drehstrommotors bei dreiphasigem Klemmenkurzschluß.

Läuferströme in einem 100 kW-Asynchronmotor bei dreiphasigem Netzkurzschluß. Da der Asynchronmotor kein selbständiges Feld hat, so bleibt hier kein Dauerkurzschlußstrom bestehen. Die Ausgleichsströme nach Abb. 23 sind daher die einzigen, die im Motor zirkulieren, während sich bei Synchronmaschinen noch der Dauerkurzschlußstrom darüber lagert. Schließt man Asynchronmotoren jedoch nur einphasikurz, wie beim Oszillogramm der Abb. 25, so entwickelt sich hier durch die Wirkung der gesunden Netzphase und ihres Restfeldes im Motor auch ein Dauerkurzschlußstrom, dem sich die Ausgleichsströme überlagern.

Da Asynchronmotoren im allgemeinen $25\,^0/_0$ Streuspannung besitzen, so schnellt der Stoßstrom auf etwa den 7fachen Wert des Normalstromes an. Er verlöscht aber relativ schnell, da die Widerstandsdämpfung im allgemeinen erheblich ist. Nur bei großen, insbesondere schnellaufenden Asynchronmotoren, etwa von 1000 kW an, sind die Wicklungswiderstände und daher die Dämpfungen so gering, daß die Ausgleichsströme sich ähnlich wie bei großen Synchrongeneratoren längere Zeit erhalten können.

Ganz ebenso liegen die Verhältnisse bei Einankerumformern und Synchronmotoren. Sie entwickeln beim plötzlichen Kurzschluß Stoßströme, die nach den gleichen Beziehungen errechnet werden können und wegen der selbständigen Felder dieser Maschinen allmählich in die Dauerkurzschlußströme übergehen.

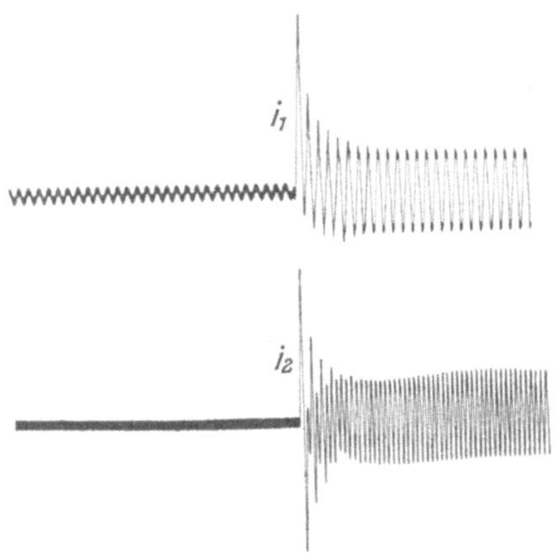

Abb. 25. Stromverlauf i_1 im Ständer und i_2 im Läufer eines Drehstrommotors bei einphasigem Klemmenkurzschluß.

Ist der Generator beim Eintritt des plötzlichen Kurzschlusses vorbelastet, so kann sich dieser Vorbelastungsstrom in der Maschine durch den Kurzschluß nicht plötzlich ändern. Denn sonst müßte sich bei seiner starken Ankerrückwirkung ja das Magnetfeld ebenfalls ändern, was nicht momentan möglich ist. Er fließt daher gemeinsam mit den Ausgleichsströmen durch die Kurzschlußstelle und addiert sich zu ihnen mit seiner richtigen Phase. Im ungünstigsten Falle, bei Netzbelastung mit reinem Blindstrom, addiert sich der Vorbelastungsstrom arithmetisch zum Generatorkurzschlußstrom und verstärkt den Stoßstrom etwa vom 15fachen auf den 16fachen Wert des Normalstromes. Bei geringerer Phasenverschiebung und gar bei Vorbelastungs-Wirkstrom ist die Verstärkung fast unmerklich. Beim Kurzschluß von Synchronmotoren schwächt die Vorbelastung den Stoßstrom. Abb. 26 zeigt ein derartiges Oszillogramm, bei dem der relative Einfluß des Vorbelastungsstromes durch Betrieb mit erniedrigter Klemmenspannung des Synchronmotors künstlich

verstärkt wurde. Im allgemeinen ist der Vorbelastungsstrom im Verhältnis zu den Stoßströmen so gering,
daß man seinen Einfluß gegenüber anderen Ungenauigkeiten der Berechnung vernachlässigen darf. Keines-
falls darf man beim Kurzschlußversuch aus dem Leerlaufzu-
stande die Vorbelastung dadurch ersetzen, daß man dem Leer-
lauferregerstrom bis zum Belastungserregerstrom steigert, denn
dadurch würde die kurzzuschließende Spannung E und daher
nach Gleichung (52) der Stoßstrom auf einen praktisch nie
vorkommenden Wert anschwellen.

Bei einphasigem plötzlichen Kurzschluß verhält sich
die Synchronmaschine mit vollkommener Dämpferwirkung

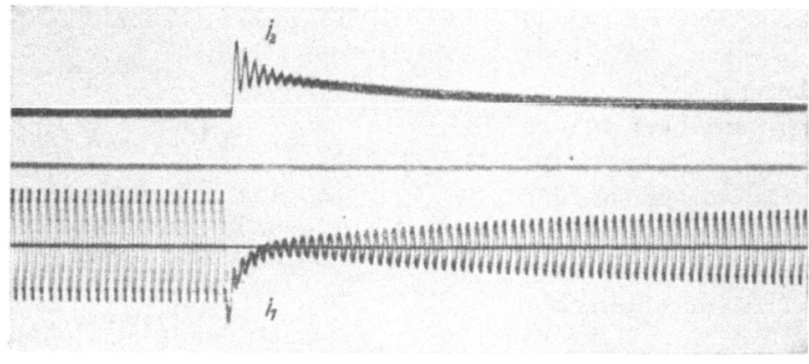

Abb. 26. Stromverlauf eines Synchronmotors mit verminderter Spannung
bei Klemmenkurzschluß.

im Läufer genau so wie beim dreiphasigen Kurzschluß, weil
das inverse Drehfeld des Einphasenstromes von übergelagerten
Läuferströmen mit doppelter Frequenz fortgedämpft wird. Aus
Abb. 18, die sich auf einen Turbogenerator mit massivem Rotor-
eisen und metallischen Nutenkeilen bezieht, ist dies gut zu
ersehen. Bei Schenkelpolmaschinen ohne Dämpferwicklung
können jedoch Feldpulsationen auftreten, die von dem großen
magnetischen Widerstand der Pollücke herrühren und entsprechend
dem Oszillogramm der Abb. 27 auf Überspannungen in der nicht
kurzgeschlossenen Phase führen können. Bei erheblicher magne-
tischer Sättigung der Polschenkel bleiben diese Überspannungen
jedoch gering, und durch eine Dämpferwicklung können sie vollständig vernichtet werden.

Wegen der enormen Größe der Stoßströme ist ihre genaue
Vorausbestimmung von erheblicher Wichtigkeit für die Praxis. Es
kann dabei zweifelhaft sein, welche Streuung des Generators man der Berechnung der Ströme nach Gleichung (50)
und (52) zugrunde legen muß, ob nur die Ständerstreuung
oder auch die Läuferstreuung von Einfluß ist, ob die Nutenstreuung voll anzusetzen ist oder wegen der Zahnsättigung nur
zum Teil, wie die Dämpferwicklung die Streuung beeinflußt usw.
Die Ansichten hierüber weichen stark voneinander ab. Am
sichersten ist natürlich die Entscheidung durch den Versuch.
Das Verhältnis von Stoßstrom zu Normalstrom kann man nach
Gleichung (52) schreiben

$$\frac{J_s}{J_n} = \varkappa \, \frac{E}{E_S}. \tag{54}$$

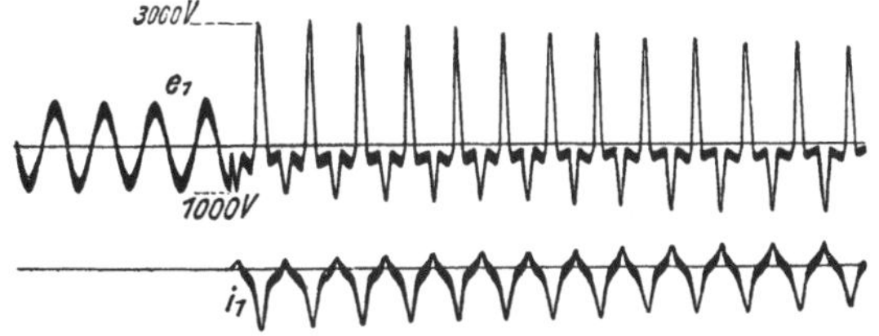

Abb. 27. Spannungsverlauf e_1 und Stromverlauf i_1 beim einphasigen Klemmenkurzschluß eines ungesättigten Drehstromgenerators ohne Dämpferwicklung.

Darin läßt sich die linke Seite für jeden Generator aus einem
Kurzschlußversuch oszillographisch bestimmen. Die rechte Seite
enthält den reziproken Wert der relativen Streuspannung der
Maschine. Man pflegt diese Streuspannung zu messen, indem man
Wechselstrom normaler Frequenz in die Ständerwicklung schickt,
nachdem man den Läufer vorher entfernt hat. Der magnetische
Fluß durch diese Ständerbohrung stellt dann ein gewisses Äqui-
valent für den Läuferstreufluß dar. Diese Bohrungsstreuung
selbst kann man mit ausreichender Genauigkeit berechnen und
durch Subtraktion von der gemessenen Streuung die Stirn- und
Nutenstreuung allein erhalten.

Für eine große Zahl von Synchrongeneratoren, die einem
plötzlichen Klemmenkurzschluß bei voller Spannung unterworfen
wurden, sind diese Verhältniswerte gemessen worden und daraus
die „Stoßziffern" $\varkappa$ nach Gleichung (54) empirisch bestimmt. Wir

wissen, daß sie in Wirklichkeit entsprechend Gleichung (53) etwas unterhalb von 2 liegen müssen und können daraus auf den Einfluß der einen oder anderen Streuung auf die Stoßkurzschlußströme schließen. In Abb. 28 sind Häufigkeitskurven der Stoßziffern $\varkappa$ aufgetragen, und zwar getrennt für Schenkelpolläufer und Zylinderläufer, einmal bei Berücksichtigung und einmal unter Abzug des Bohrungsflusses. Man sieht, daß bei Schenkelpolläufern nur die Kurve mit Bohrungsfluß, bei Zylinderläufern

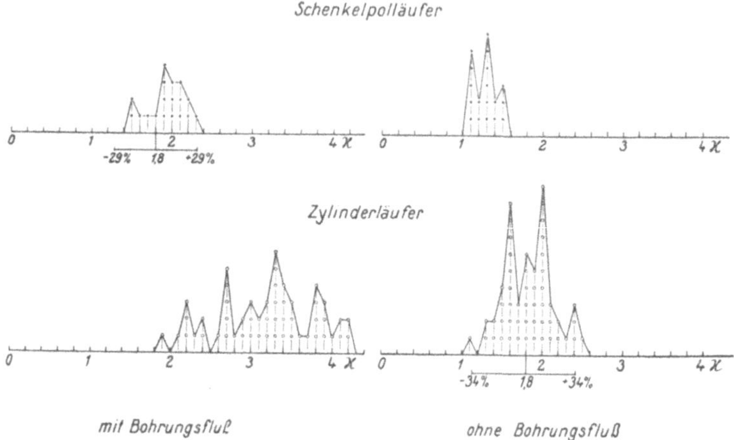

Abb. 28. Kurzschlußziffern nach Versuchen bei voller Spannung.

nur die Kurve ohne Bohrungsfluß den Mittelwert 1,8 ergeben, während die anderen Kurven ganz abweichende Mittelwerte besitzen. Da der Mittelwert von

$$\varkappa = 1,8 \tag{55}$$

gut mit unseren berechneten Zahlen übereinstimmt, so dürfen wir als sicher ansehen, daß bei Turbogeneratoren mit Zylinderläufen nur die Stirn- und Nutenstreuung, bei Schenkelpolgeneratoren ohne Dämpfer dagegen auch die Bohrungs- oder Läuferstreuung für die Entwicklung der Stoßkurzschlußströme maßgebend ist. Bei Schenkelpolgeneratoren mit Käfigdämpferwicklung ergeben sich auf Grund entsprechender Messungen die gleichen Verhältnisse wie bei Zylinderläufern.

Der Grund für diese Unterschiede ist darin zu suchen, daß sich in dem massiven Eisen und den Nutenkeilen von Zylinderläufern ebenso wie in Dämpferkäfigen von Schenkelполläufern die fast gleichstromartigen mehrphasigen Läuferstromsysteme bequem ausbilden können, die mit demjenigen freien Drehfeld, das am Läufer hängt, verkettet sind. Ihre Strombahnen besitzen nur geringe magnetische Streuung, die gegenüber der Ständerstreuung kaum eine Rolle spielt. Dagegen kann sich bei Schenkelpolgeneratoren ohne Dämpfer oder nur mit Einzelpoldämpfung kein Mehrphasenstromsystem im Läufer ausbilden. Die freien Kurzschlußfelder wirken hier nur auf die einachsigen Erregerwicklungen ein, deren beträchtliche Streuung mit zur Begrenzung der Stoßkurzschlußströme beiträgt.

Durch diese Untersuchungen haben wir gleichzeitig die **Kurzschlußziffer empirisch auf den Wert der Gleichung (55) festgelegt.** Daß nicht alle Messungen mit dem Mittelwert übereinstimmen, liegt zum Teil daran, daß große, mittlere und kleine Generatoren durcheinander gemessen und aufgetragen wurden. In Wirklichkeit besitzen sie aber eine etwas verschiedene Kurzschlußziffer, da ihre Verhältnisse von Widerstand zu Streuung, die nach Gleichung (52) maßgebend sind, nicht genau übereinstimmen. Ein großer Teil der Abweichungen liegt aber auch an der Ungenauigkeit der oszillographischen Messungen, die man bis zu $\pm 30\,^0/_0$ einschätzen darf. Die Toleranz, mit der der Zahlenwert von 1,8 für die Kurzschlußziffer behaftet ist, läßt sich nach der Wahrscheinlichkeitslehre aus den Häufigkeitskurven der Abb. 28 zu $\pm 29\,^0/_0$ und $\pm 34\,^0/_0$ ermitteln, was ganz in der Größenordnung der eben genannten Meßgenauigkeit liegt.

Schließt man die Generatoren nicht bei voller Nennspannung kurz, sondern bei geringerer Spannung, so sinkt die Kurzschlußziffer etwas, wenn man die gleiche Streuung zugrunde legt, wie die Messungen in Abb. 29 zeigen. Dies liegt daran, daß die Nutenstreuspannung wegen der geringeren Sättigung der Streuwege, vor allem der Zähne, mit sinkender Spannung ein wenig zunimmt. Wenn man die Nutenstreuung künstlich vergrößert, etwa durch vertiefte Lage der Leiter in den Nuten, was mehrfach vorgeschlagen ist, so steigt die Zahnsättigung der Streufelder gewaltig an. Dadurch wird die Vergrößerung der Streuung fast wirkungslos, so daß dies Mittel untauglich zur Begrenzung der Kurzschlußströme ist.

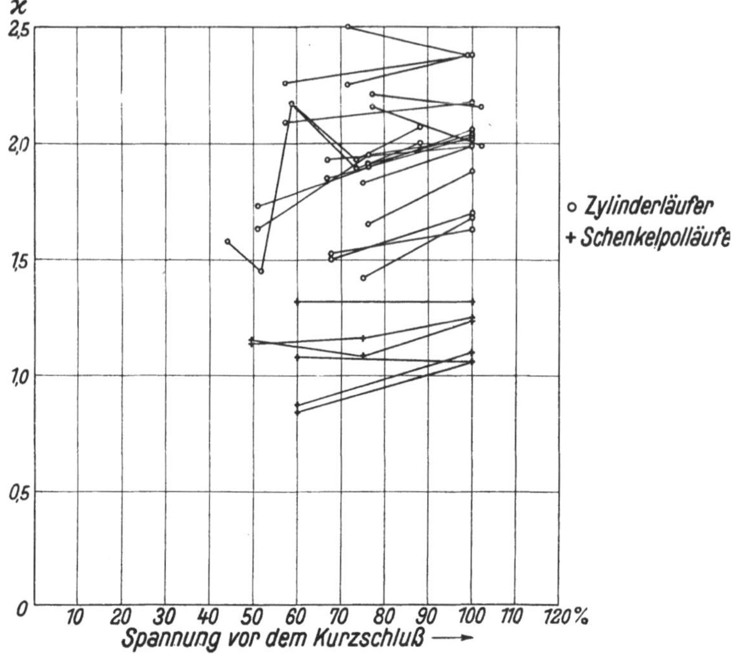

Abb. 29. Einfluß der Erregung auf die Kurzschlußziffer.

Während der Dauerkurzschlußstrom beim Übergang vom 3 poligen zum 2- und 1 poligen Kurzschluß größer und größer wird, ist dies beim Stoßkurzschlußstrom nicht der Fall. In Abb. 30 ist für eine große Zahl von Maschinen das Verhältnis des 1 poligen und 2 poligen Stromstoßes zum 3 poligen aufgetragen. Man sieht, daß der Mittelwert mit ausreichender Genauigkeit gleich 1 ist, und daß die Abweichungen wieder etwa $\pm 30^0/_0$ betragen. Einphasiger Kurzschluß und Erdschluß gegen den Nullpunkt ergeben also etwa die gleichen Stoßströme wie ein dreiphasiger Kurzschluß. Dies rührt daher, daß das Verhältnis von Spannung und Streuung, das nach Gleichung (50) maßgebend für die Entwicklung der Ausgleichsströme ist, für alle drei Fälle fast das gleiche bleibt.

Die geringen Unterschiede, die wir in Gleichung (18) und (20) berechnet hatten, verschwinden völlig gegenüber anderen Ungenauigkeiten. Auch bei Teilkurzschlüssen der Wicklung innerhalb des Generators, etwa bei Windungsschlüssen, die durch Überspannungen oder Isolationsdefekte entstehen, wird daher der Stoßstrom nicht größer als bei Klemmenkurzschluß, während der Dauerkurzschlußstrom mit der Abnahme der kurzgeschlossenen Windungszahl immer größer wird. Dies führt dazu, daß schließlich bei kleiner Windungszahl eines Teilkurzschlusses der Dauerstrom größer wird als der Stoßstrom und sich daher nur allmählich zu seiner vollen Größe entwickelt.

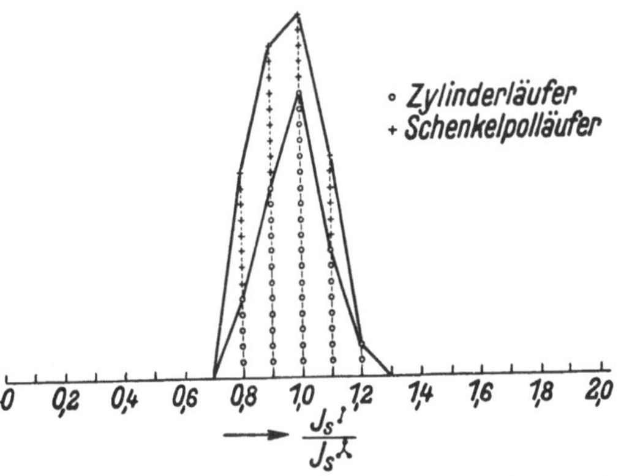

Abb. 30. Vergleich des ein- und zweipoligen mit dem dreipoligen Stoßkurzschlußstrom.

Im Gegensatz zu den mechanischen Kraftwirkungen, die sich im wesentlichen nach der anfänglichen Spitze des Stoßstromes richten, sind die Wärmewirkungen auch durch den weiteren Verlauf bedingt. Der zeitliche Ablauf der Kurzschlußströme, der ebenfalls von den Widerstands- und Streuungsverhältnissen abhängt, ist daher von erheblicher praktischer Bedeutung. Aus einer großen Zahl von Oszillogrammen ist in Abb. 31 und 32 das Abklingen des Wechselstromgliedes des Ausgleichsstromes ausgewertet, indem die relativen Stromstärken im logarithmischen Maßstab aufgetragen sind. Bei Schenkelpolgeneratoren nach Abb. 31 laufen die Kurven recht stark durcheinander, jedoch ist bei Turbogeneratoren nach Abb. 32 trotz der verschiedensten Maschinengrößen ein einigermaßen einheitlicher Verlauf vorhanden. Man erkennt zunächst, daß bei beiden Maschinenarten die Dämpfung für einphasigen Kurzschluß nur halb so groß ist wie für dreiphasigen, was von den wesentlich geringeren Energieverlusten der Ströme in der gesamten Wicklung herrührt.

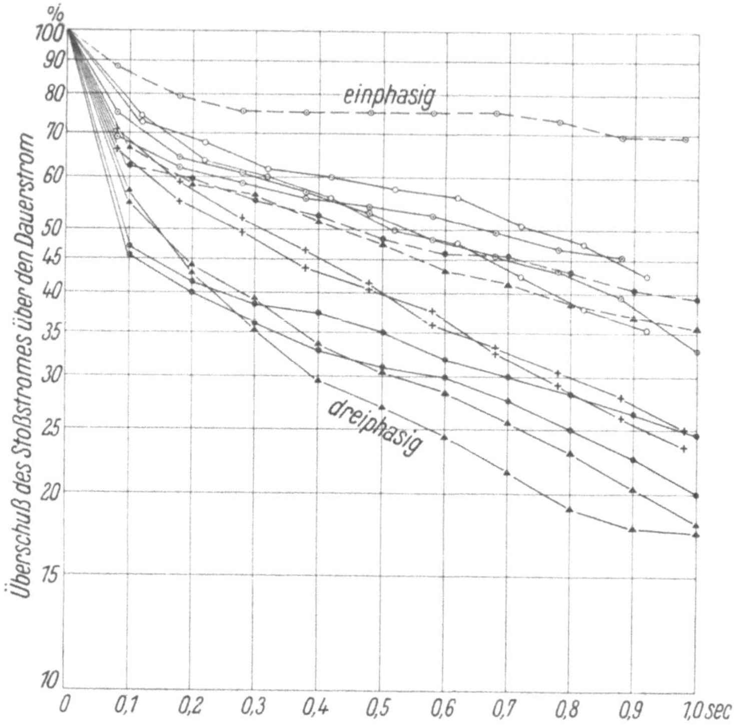

Abb. 31. Verlauf des Kurzschluß-Wechselstromes bei Schenkelpol-generatoren von 1000 bis 10000 kVA.

Während ein exponentielles Verlöschen im logarithmischen Maßstab einen geradlinigen Verlauf ergeben müßte, ist dieser in Abb. 31 und 32 zu Anfang der Kurzschlußzeit keineswegs vorhanden. Der Abfall der Ströme erfolgt vielmehr in der ersten zehntel Sekunde außerordentlich schnell und geht erst dann in einen gleichmäßig exponentiellen Verlauf über. Diese Erscheinung rührt von der Entwicklung starker Wirbelströme in den großen Eisenmassen des Läufers her, die die Läuferströme zu einem mehrphasigen Stromsystem ergänzen, dabei aber durch Ausbildung von räumlichen Grund- und Oberfeldern ein System mit mehreren Zeitkonstanten ergeben. Die Nebenzeitkonstanten sind sehr klein, meist unter $^1/_{10}$ Sekunde. Als mittlere

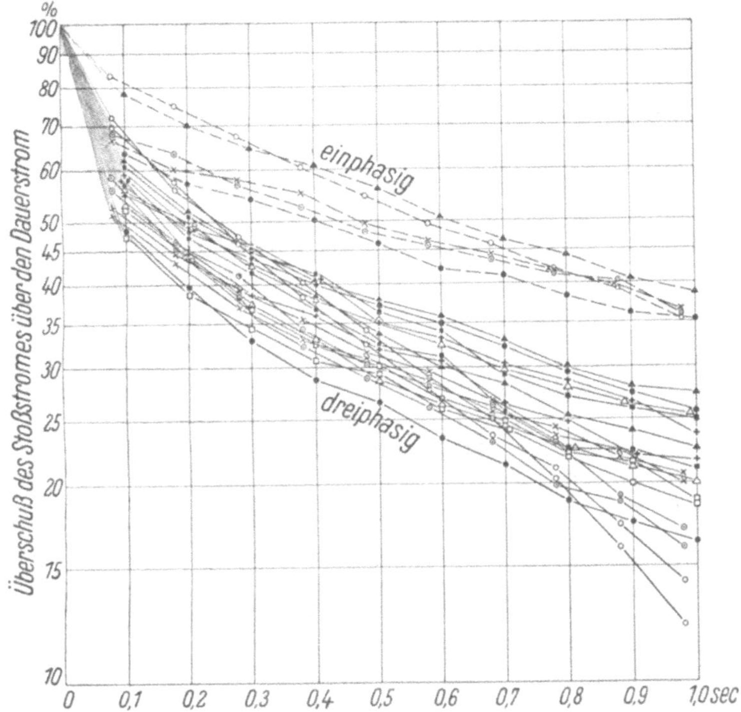

Abb. 32. Verlauf des Kurzschluß-Wechselstromes bei Turbogeneratoren von 1000 bis 12 000 kVA.

Hauptfeld-Zeitkonstante derartiger großer Synchronmaschinen kann man nach Abb. 31 und 32 für dreiphasigen Kurzschluß etwa 1 Sekunde, für einphasigen etwa 2 Sekunden ansehen, so daß man mit einer gesamten Abklingdauer der Stoßkurzschlußströme von reichlich 3 bis 6 Sekunden rechnen muß.

Die eben genannten Wirbelströme im Eisen und in den metallischen Nutenverschlußkeilen von Turboläufern schließen sich zum Teil über die seitlichen Wicklungskappen oder Bandagen und können bei schlechtem Kontakt derselben Schmorstellen und ähnliche Verbrennungen hervorrufen. Abb. 33 zeigt eine solche an mehreren Stellen verbrannte Kappe. Zur Verhinderung dieser Zerstörung pflegt man für guten Kontakt von

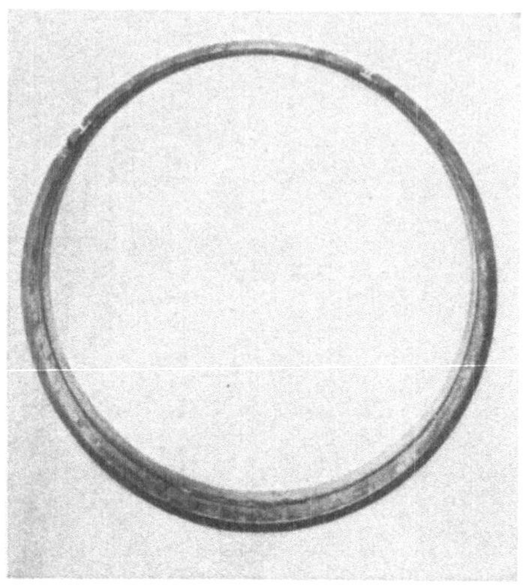

Abb. 33. Durch Kurzschluß angebrannte Wicklungskappe.

Bandage und Läufereisen zu sorgen, am besten durch Einlegen eines Kupferringes, der durch Zentrifugalkraft an beide Teile gepreßt wird.

Außer den mechanischen Kräften auf die Wicklungsköpfe treten beim plötzlichen Kurzschluß auch Kräfte zwischen Ständer und Läufer auf, die zusätzliche Drehmomente ergeben und den Läufer abbremsen. Da das Magnetfeld im Luftspalt der Maschine anfangs noch in voller Stärke besteht, so stehen die Stoßmomente im gleichen Verhältnis zum normalen Drehmoment wie die Stoßkurzschlußströme zum Normalstrom. Die Kurzschlußdrehmomente betragen also bei modernen Maschinen etwa das 15fache des normalen Momentes, bei älteren Maschinen noch weit mehr, und beanspruchen die Welle, die Kupplung, die Antriebsmaschine und auch die Fundamente des Generators mit einem harten Schlag. Abb. 34 zeigt für einen großen

Turbogenerator den zeitlichen Verlauf von Kurzschlußstrom und Drehzahlabfall, welch letzterer durch ein Tachometerdynamo oszillographiert wurde. Um die Drehzahlkurve so deutlich zu erhalten, daß aus ihrer Verzögerung und der Läuferschwungmasse die Stärke des Stoßmomentes berechnet werden konnte, wurde die Aufnahme bei verringerter Drehzahl des Generators gemacht. Die Stärke der Stoßkurzschlußströme erleidet dadurch nur eine ganz geringfügige Veränderung, weil sie nach Gleichung (52) im wesentlichen von Spannungsverhältnissen abhängt, die bei Drehzahländerungen die gleichen bleiben.

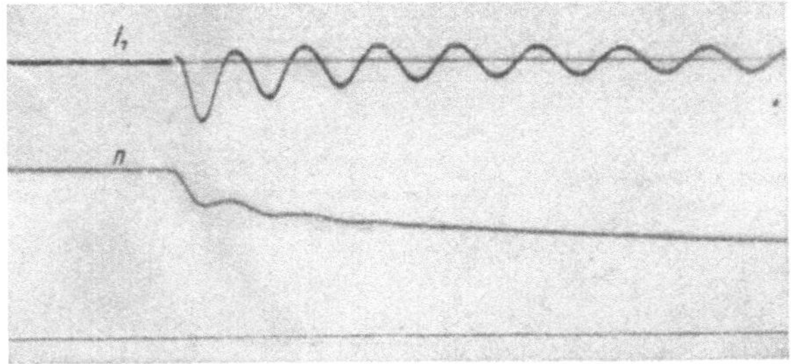

Abb. 34. Abfall der Drehzahl n bei plötzlichem Kurzschluß eines Generators.

Eine starke Verzögerung und damit ein starkes Bremsmoment ergibt sich vor allem während der ersten Halbperiode nach dem Kurzschluß, also praktisch während $^1/_{100}$ Sekunde. Seine relative Stärke stimmt nach der Auswertung des Oszillogramms genau mit der des Kurzschlußstromes überein. Die pulsierenden Momente nach dem ersten Stoß haben nur geringere Bedeutung, da sie an Stärke sehr schnell abflauen, sie rühren von Fluktuationen der magnetischen und mechanischen Energie her. Es sei nebenbei erwähnt, daß sie bei Versuchen mit sehr kleiner Grunddrehzahl den Läufer sogar zum Ausschwingen nach der entgegengesetzten Drehrichtung bringen können. Der kurzzeitige starke Drehmomentstoß im Augenblick des plötzlichen Kurzschlusses kann natürlich schwere mechanische Zerstörungen hervorrufen, wenn nicht bei der Konstruktion der Dynamos und der Antriebsmaschinen und ihrer Fundamente und Kupplungen auf ihn gebührend geachtet wird

4. Wirkung der Kurzschlußströme im Netz.

Die Dauerkurzschlußströme und die Stoßkurzschlußströme hängen in ihrer Stärke von ganz verschiedenen Faktoren ab. Der Stoßstrom ist nach Gleichung (54) nur abhängig von der Netzspannung sowie der Streuung des Generators, der vorgeschalteten Transformatoren und der Induktanz der durchflossenen Leitungen. Er behält dieselbe Größe, gleichgültig, ob die Leitungen 1-, 2- oder 3 polig kurzgeschlossen werden, weil sein Wert im wesentlichen durch den Ausgleich der vor

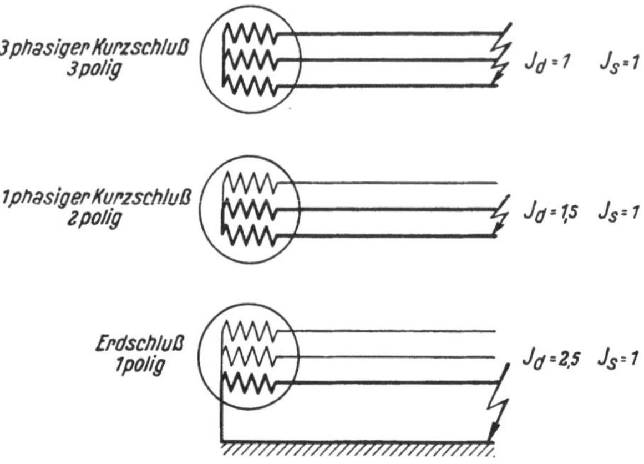

Abb. 35. Verschiedene Kurzschlußarten von Drehstrommaschinen.

dem Kurzschluß vorhandenen Netzspannung im Blindwiderstande des Kurzschlußkreises gegeben ist. Dagegen ist der Dauerkurzschlußstrom außer von diesen Induktanzen noch abhängig von der Ankerrückwirkung im Generator sowie von dessen Sättigung und Erregungsstärke. Er wird dadurch beim 1- und 2 poligen Kurzschluß sehr viel stärker als bei 3 poligem Schluß, denn seine Ankerrückwirkung ist bei einphasigem Stromdurchfluß durch die Wicklung geringer als bei dreiphasigem, und daher bleibt ein größeres Feld zur Erzeugung des Dauerkurzschlußstromes bestehen. In Abb. 35 sind die verschiedenen Möglichkeiten des Kurzschlusses schematisch dargestellt, und es ist die relative Stärke der Dauer- und Stoßkurzschlußströme in der Nähe der Generatoren angegeben. Da die Kurzschlußstromberechnungen eine Sicherheitsrechnung für das Netz darstellen, so muß man stets den ungünstigsten Fall zugrunde legen, d. h. man muß bei ungeerdeten Netzen die Zahlen für den einphasigen, 2 poligen Kurzschluß- fall berücksichtigen.

Bei Anlagen mit direkter Nullpunktserdung, die wegen der Festlegung der Wicklungsspannungen gegen Erde und der da- durch bewirkten Begrenzung von Überspannungen beim zu- fälligen Übertritt von Hochspannung sehr zu empfehlen wäre, ist die Entwicklung des 2,5 mal so großen Dauer- kurzschlußstromes eine harte Bedingung für die Kurzschlußfestigkeit der Anlage. Man pflegt deshalb zur Erdung häufig Nullpunkts- widerstände in ange- messener Größe einzu- schalten, um den Kurz- schlußstrom zu verrin- gern. Bei Kurzschlüssen, die von den Kraftwerken entfernt liegen, darf man zur zahlenmäßigen

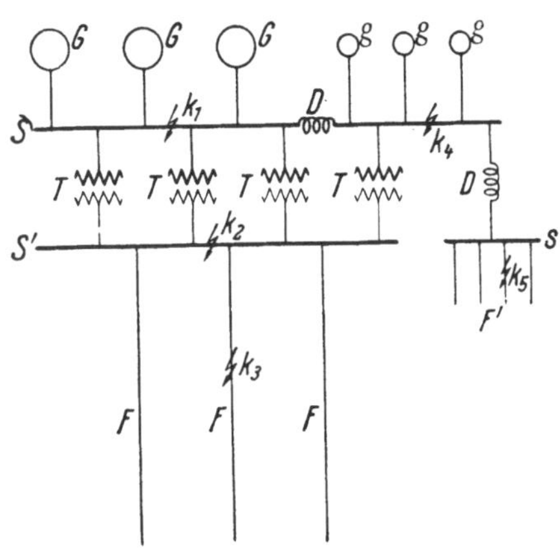

Abb. 36. Verschiedene Lagen der Kurz- schlußstelle im Kraftwerk und Netz.

Bestimmung des 1 poligen Kurzschlußstromes beachten, daß die Induktanz der Leitungen für 1 poligen Erdschluß meistens er- heblich größer ist als für 3 poligen Kurzschluß, wodurch eine Reduktion des großen Stromes eintritt.

Von großem Einfluß auf die Stärke beider Arten von Kurz- schlußströmen ist natürlich die Lage der Kurzschlußstelle im Netz, für die in Abb. 36 verschiedene Möglichkeiten dar- gestellt sind. k_1 stellt einen Kurzschluß in den Generatorsammel- schienen S der Hauptgeneratoren eines Kraftwerkes dar. Der Kurzschlußstrom der drei großen Maschinen G ergießt sich voll- ständig in diese Fehlerstelle. Tritt ein Kurzschluß bei k_2 an den Hochspannungssammelschienen S' ein, so ist die Reaktanz der Transformatoren vorgeschaltet, was eine erhebliche Er- niedrigung der Kurzschlußleistung ergibt. Nicht nur der Ab- solutwert des Kurzschlußstromes ergibt sich wegen der Übersetzung der Transformatoren im Hochspannungskreis geringer als an den Niederspannungsschienen, sondern auch der Relativwert im Verhältnis zum jeweiligen Nennstrom wird durch die zwischengeschaltete Transformatorinduktanz geringer.

Ein Kurzschluß in einer der Fernleitungen F, etwa bei k_3, entwickelt fast die gleiche absolute Stromstärke wie im vorhergehenden Falle. Da jedoch jede der drei Fernleitungen nur ein Drittel des Nennstromes der Sammelschienen führt, so wird die relative Stärke, also das Verhältnis von Kurzschlußstrom zu Normalstrom, hier auf das Dreifache vergrößert. Verzweigen sich die Fernleitungen am anderen Ende noch weiter, so nimmt die absolute Stärke des Kurzschlußstromes durch die vergrößerte Induktanz immer mehr ab, jedoch kann gleichzeitig das Verhältnis zum Nennstrom und damit das Maß für die Gefährdung der Leitung bei kleinen Ausläufern stark ansteigen.

Besonders ungünstig arbeiten kleine Abzweige, die unmittelbar an Hochleistungssammelschienen geschlossen sind. Denn hier ergießt sich bei eintretendem Fehler der volle Kurzschlußstrom des Kraftwerkes in eine einzelne schwache Zweigleitung, die ihm natürlich nicht gewachsen ist, sondern sofort abschmilzt. Es ist deshalb zweckmäßig, derartigen Zweigleitungen durch eine vorgeschaltete Drosselspule eine vergrößerte Induktanz zu geben, so daß die Kurzschlußströme nur eine Stärke annehmen können, die den Normalströmen und ihren Leitungsquerschnitten angemessen sind. In Abb. 36 ist die Sammelschiene s für den Eigenverbrauch durch eine derartige Drosselspule D geschützt, so daß beim Kurzschluß k_5 in ihrem schwachen Abzweige F' keine übergroßen Wirkungen eintreten.

Wird ein Kraftwerk mit alten kleinen Generatoren g in Abb. 36, die samt ihren Schaltanlagen nicht übermäßig kräftig gebaut sind, durch Aufstellung neuer großer Generatoren G erweitert, so ist es aus dem gleichen Grunde zweckmäßig, die verschiedenen Kraftwerksteile durch eine zwischengeschaltete Kurzschlußdrosselspule D zu trennen. Man verhindert dadurch im Falle eines Kurzschlusses bei k_4 in der alten Schaltanlage ein gar zu starkes Hinüberfluten von Kurzschlußströmen aus den neuen Hochleistungsmaschinen.

Auch beim Zusammenschließen außerordentlich großer Leistungen in einem einzigen Kraftwerk leistet eine Unterteilung der Sammelschienen durch derartige Drosselspulen gute Dienste zur Begrenzung der Kurzschlußströme. Kraftwerke mit mehr als 50 000 kVA Leistung sollte man nach Möglichkeit nicht unzerteilt lassen. Durch solche Drosselspulen können Wirkströme ohne große Nachteile hindurchfließen, weil deren induktive Spannung nach Abb. 37 nahezu senkrecht auf den Netzspannungen der beiden Sammelschienen steht und daher zwar einen geringen Phasenunterschied zwischen diesen hervorruft, die absolute

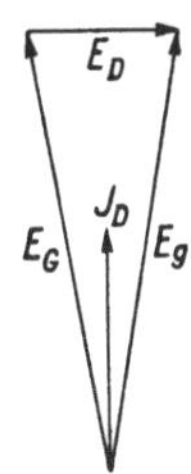

Abb. 37. Spannungsvektoren von Sammelschienen, die durch Drosselspulen verbunden sind.

Größe der Sammelschienenspannungen aber ungeändert läßt.

Tritt ein Kurzschluß in der Nähe eines ungeschützten Kraftwerkes ein, so sinkt die Spannung an dessen Sammelschienen momentan auf Null. Dadurch wird nicht nur die gesamte Strombelieferung des Netzes unterbrochen, so daß alle angeschlossenen Verbraucher stillstehen, sondern die Generatoren des Kraftwerkes verlieren auch ihre synchronisierenden Kräfte und fallen außer Tritt. Diese Wirkungen sind überaus störend für die Betriebsführung, da die herausgefallenen Maschinen alle einzeln wieder synchronisiert werden müssen, was natürlich längere Zeit erfordert. Man kann

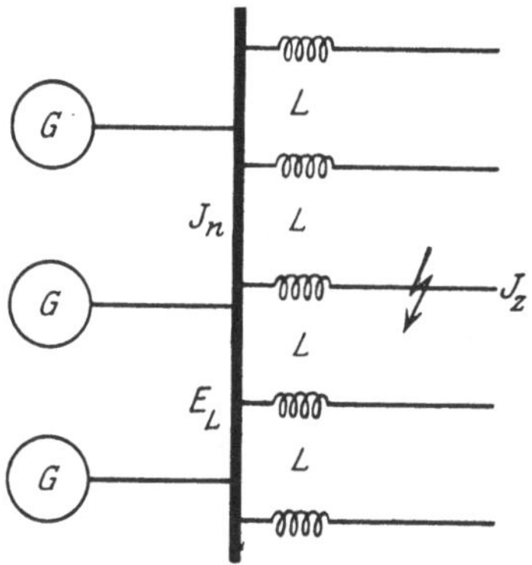

Abb. 38. Drosselspulen in Speiseleitungen zur Aufrechterhaltung der Sammelschienenspannung.

sich dagegen nur durch Einbau von Kurzschlußdrosselspulen in sämtliche Zweigleitungen sichern, die nicht so sehr die Kurzschlußströme begrenzen, als vor allem die Spannung an den Sammelschienen vor dem vollständigen Zusammenbrechen schützen und damit die Wirkung des Kurzschlusses auf den

kranken Leitungszweig begrenzen. Abb. 38 stellt diese Schutz-
anordnung schematisch dar; jede Speiseleitung ist über eine
Drosselspule L an die Schienen angeschlossen. In Abb. 39 ist
aufgetragen, wie ohne Verwendung von Drosselspulen die Spannung aller Zweigleitungen in der Nähe des Kraftwerkes sofort auf
Null sinkt, wenn ein Kurzschluß eintritt. Erst nach dem Ab-

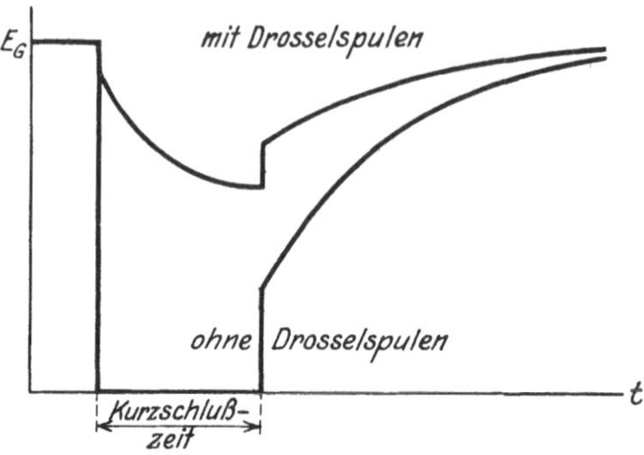

Abb. 39. Abfall der Sammelschienenspannung beim Kurzschluß
mit und ohne Abzweigdrosselspulen.

schalten des Kurzschlusses steigt sie wieder an, jedoch springt
sie zunächst auf einen mäßigen Wert, der dem inzwischen ab-
geklungenen Generatorfelde entspricht, und nähert sich erst
allmählich wieder dem Sollwert. Bei vorgeschalteter Drosselspule dagegen sinkt die Spannung an den Sammelschienen beim Kurzschluß in einem Abzweige zunächst
nur um einen mäßigen Betrag, der dem Spannungsabfall
des geringeren Kurzschlußstromes in den Generatoren entspricht.
Durch die Ankerrückwirkung des Kurzschlußstromes sinkt die
Spannung bis zum Abschalten des Kurzschlusses noch etwas
weiter ab und erreicht nach dem Abschalten des Fehlers sehr
bald wieder den Sollwert.

Wenn die Wirkung des Kurzschlusses auf die fremden Leitungen in Abb. 38 nicht zu fühlbar werden soll, und wenn die
Generatoren im Kraftwerk noch in Tritt bleiben sollen, so darf
die Spannung an den Sammelschienen erfahrungsgemäß nicht unter $^2/_3$ bis mindestens $^1/_2$ der normalen
Netzspannung sinken. Da der Stoßkurzschlußstrom bei
längeren Auslösezeiten des unterbrechenden Schalters als 3 bis

5 sec bereits abgeklungen ist, so hat die Sammelschienenspannung nach Abb. 39 im Abschaltmoment bereits ihren Dauerwert erreicht, so daß wir ein Diagramm nach Abb. 9 und 11 zu ihrer zahlenmäßigen Bestimmung anwenden dürfen. In Abb. 40 sind die Verhältnisse eingezeichnet, wie sie bei Abzweigdrosselspulen nach Abb. 38 auftreten. Beim Kurzschluß in einer Speiseleitung wollen wir an deren Drosselspule und

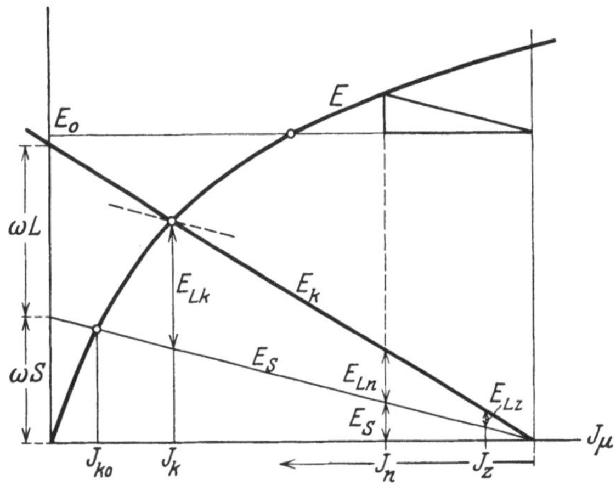

Abb. 40. Diagramm zur Bestimmung der Größe von Abzweigdrosselspulen.

damit auch an den Sammelschienen eine bestimmte Spannung E_{Lk} aufrecht erhalten, etwa die Hälfte der Netzspannung E_O. Dann ziehen wir im Abstande E_{Lk} die gestrichelte Parallele zur Streucharakteristik E_S bis zum Schnitt mit der Leerlaufcharakteristik E. Durch diesen Punkt muß dann die Kurzschlußcharakteristik E_k laufen, die stark ausgezogen ist und ohne weiteres die notwendige Reaktanz ωL der Abzweigdrosselspulen ergibt, z. B. im Vergleich mit der inneren Streuung ωS der Kraftwerksgeneratoren.

Der Dauerkurzschlußstrom geht durch die Wirkung dieser Drosselspulen nur von J_{ko} auf J_k zurück, also gar nicht viel. Diesem Strom muß die Spule bis zum Abschalten des Kurzschlusses gewachsen sein. Würde der normale Kraftwerksstrom J_n durch die Spule fließen, der nach Abb. 40 in den Generatoren die Streuspannung E_S erzeugt, so wäre ihre

Spannung durch E_{Ln} gegeben. Da sie im normalen Betriebe nur von dem geringen Zweigstrom E_z durchflossen wird, so herrscht dann an ihr nur die induktive Spannung E_{Lz}, die direkt aus Abb. 40 abgegriffen werden kann. Nach dieser Spannung richtet sich die Bemessung der Spulenwicklung für den gesunden Betrieb.

Bei einem Kraftwerk mit fünf gleich starken Speiseleitungen, dessen Spannung beim Kurzschluß nur auf $^2/_3$ der Nennspannung absinken soll, ergibt sich mit einem Kurzschlußverhältnis des tatsächlichen Stromes J_k von 2,5 nach der Konstruktion von Abb. 40 eine notwendige induktive Spannung der Drosselspulen bei ihrem Normalbetrieb von

$$\frac{2}{3} \cdot \frac{1}{2,5} \cdot \frac{1}{5} = 5,3\,^0/_0.$$

Abb. 41. Mechanischer Aufbau von Kurzschlußdrosselspulen.

Der hierdurch bewirkte Spannungsabfall ist bei mittlerem Leistungsfaktor noch erträglich. Bei schwächeren Zweigleitungen wird die normale Blindspannung der Drosselspule natürlich immer kleiner. Wegen ihrer geringen Größe und ihrer beruhigenden Wirkung auf den Betrieb sind solche Abzweigdrosselspulen eines der wichtigsten Hilfsmittel gegen die Kraftwerksstörungen durch Kurzschlüsse. In Abb. 41 ist die Aufstellung von Kurzschlußdrosselspulen gezeigt. Sie bestehen aus kräftigen Flachkupferwindungen, die auf ein isolierendes Gestell gewickelt sind, und werden so ausgeführt, daß sie auch unter den stärksten Kurzschlußstößen keine unzulässige Kraftwirkung erleiden. Die Oberfläche ihrer Wicklung wird so bemessen, daß die Dauer-

erwärmung durch den Normalstrom 40 oder 50^0 C nicht über-
schreitet. Der Kupferquerschnitt richtet sich dagegen nach
dem Stoß- und Dauerkurzschlußstrom und seiner Wirkungszeit
und wird so gewählt, daß äußerstenfalls 200^0 C erreicht werden,
damit die Isolierung der Spule nicht verbrennt.

Eine Verwendung von Eisen zur Erhöhung der Selbstinduktion derartiger Spulen ist wegen der Sättigungserschei-
nungen nicht durchführbar. Denn die Ströme und die von
ihnen erzeugten Magnetfelder der Kurzschlußdrosselspulen sind
so gewaltig, daß gerade bei ihrem Höchstwert, wo man die
größte Selbstinduktion gebraucht, eine wesentliche Erniedrigung

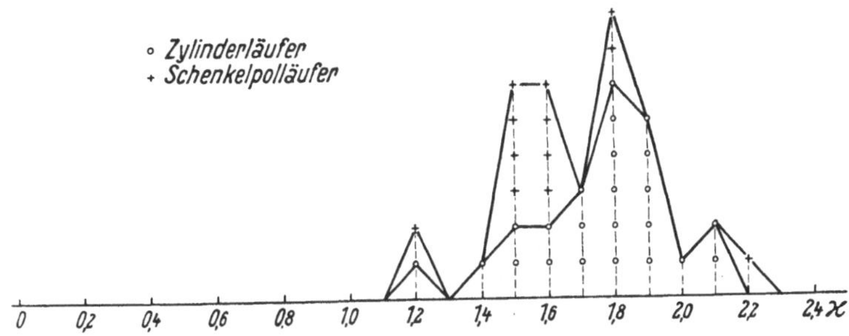

Abb. 42. Kurzschlußziffern beim plötzlichen einphasigen Kurzschluß
über Luftdrosselspulen.

durch Sättigung eintreten würde. Bei den geringen normalen
Strömen dagegen, wo man mit möglichst geringem induktiven
Abfall auskommen möchte, verschwindet die Sättigung, so daß
die Selbstinduktion unnötig groß würde. Man pflegt Kurzschlußdrosselspulen daher stets als Luftspulen zu bauen.

Für die Bestimmung der dämpfenden Wirkung von
Luftdrosselspulen auf den Stoßkurzschlußstrom kann man
genau die gleiche Formel (54) mit der gleichen Stoßziffer (55)
anwenden, wie wir sie früher für Stoßkurzschlußströme an den
Maschinenklemmen hergeleitet haben, nur ist jetzt die Induktanz der Drosselspulen mit in E_S einzurechnen. Dies wird
durch Abb. 42 veranschaulicht, in der das Ergebnis zahlreicher
Kurzschlußversuche an Luftdrosselspulen durch Berechnung der
jeweiligen Stoßziffer $\varkappa$ dargestellt ist. Wendet man Drosselspulen
von $5^0/_0$ induktiver Spannung für den Normalstrom an, zu

dem sich noch etwa $1\,^0/_0$ Reaktanz für den Leitungsabfall addiert, so kann man dadurch den Stoßkurzschlußstrom selbst für sehr große Netze auf das höchstens

$$\frac{J_s}{J_n} = 1{,}8\,\frac{100}{6} = 30\,\text{fache}$$

des Normalstromes begrenzen, was für die meisten Leitungen ausreichend ist. $5\,^0/_0$ Reaktanz stellt daher eine übliche

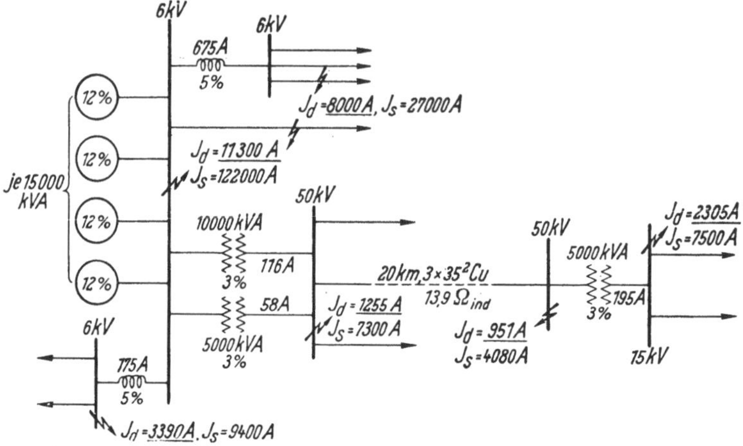

Abb. 43. Stärke der Dauer- und Stoßkurzschlußströme an verschiedenen Stellen eines Netzes.

Zahl für die Bemessung von Luftdrosselspulen dar. Sie ergibt für den Normalstrom bei $\cos\varphi = 0{,}7$ etwa $2{,}5\,^0/_0$ Spannungsabfall.

Will man die Leitungsquerschnitte und Schaltapparate für ein größeres Netz richtig auswählen, so muß man dasselbe auf die Ausbildung von Kurzschlußströmen vollständig durchrechnen. In Abb. 43 ist dies für ein relativ einfaches Beispiel durchgeführt, und es sind die Zahlen für die Dauer- und Stoßkurzschlußströme eingetragen. Ergeben sich dabei so große Ströme, daß sie von den beabsichtigten Schaltern, die etwa auf Grund der normalen Stromverteilung gewählt sind, nicht beherrscht werden können, so muß entweder das Schaltermodell mit Rücksicht auf die Abschaltung der Kurzschlußstrom-

stärken größer gewählt werden, oder es müssen Luftdrosselspulen vor die betreffende Abzweigleitung ge-
schaltet werden, so wie es in Abb. 43 an mehreren Stellen
vorgesehen ist. Da manche Transformatoren nur 2 bis $3\,^0/_0$
Streuspannung besitzen, was 60- bis 90 fachem Stoßkurzschlußstrom entspricht, so kann es beim Fehlen sonstiger Spannungs-
abfälle vor den Transformatoren, also z. B. bei kleinen Trans-

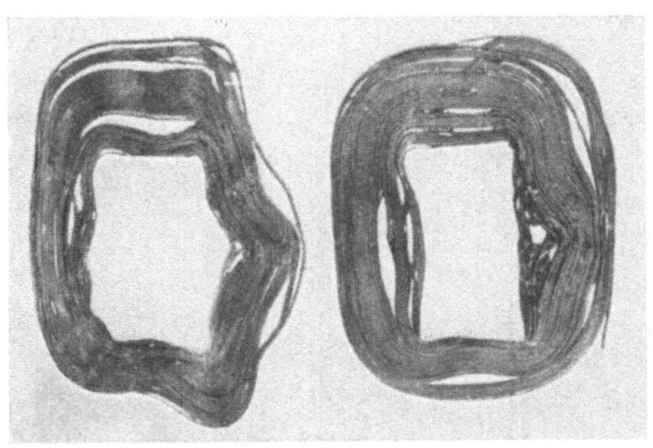

Abb. 44. Transformatorspulen nach vielfachem Kurzschluß.

formatoren an Hochleistungssammelschienen, erforderlich sein,
auch diese durch zusätzliche Kurzschlußdrosselspulen zu schützen.
Abb. 44 zeigt, was für Zerstörungen an ihren Spulen sonst eintreten können. Dagegen pflegt man Generatoren heutiger Bauart
nicht durch vorgeschaltete Luftdrosselspulen gegen Kurzschluß
zu schützen, da es weit rationeller ist, die innere Streuung ihrer
Wicklungen angemessen groß zu halten.

Durch starke Kurzschlußströme erwärmen sich alle durchflossenen Leitungen sehr rasch auf hohe Temperaturen, die den
Leitungen und ihren Umgebungen gefährlich werden können.
Die Schnelligkeit der Erwärmung erfordert eine möglichst genaue Vorausberechnung, damit man weiß, wie
lange man einen Kurzschluß bestehen lassen darf, bis man ihn
durch selbsttätige Schalter mit Zeiteinstellung abschalten muß.
Eine Momentauslösung dieser Schalter vermeidet man gern, da
sonst die ungeheuren Spitzenwerte des Stoßkurzschlußstromes

im Schalterlichtbogen unterbrochen werden müßten. Man pflegt
vielmehr je nach der Lage der Schalter im Netz eine Verzögerung
von 1 bis 10 Sekunden einzustellen, damit der **Kurzschluß-**
strom bis zum Augenblick des Unterbrechens durch
den Lichtbogen Zeit hat, auf einen geringen Wert ab-
zuklingen. Inzwischen hat sich auch das Feld und daher die
EMK der Generatoren erheblich vermindert, so daß die

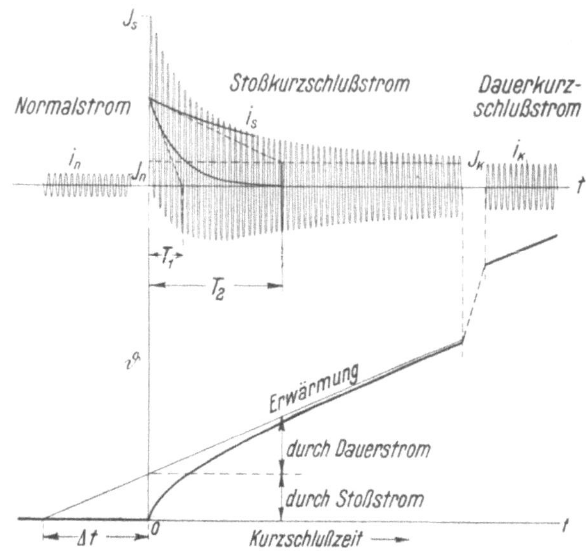

Abb. 45. Anstieg der Leitererwärmung nach einem plötzlichen
Kurzschluß.

Spannung nach dem Öffnen des Kurzschlusses viel ge-
ringer geworden ist, wodurch die Schaltleistung bei der
Unterbrechung wesentlich verkleinert wird.

Die vom Kurzschlußstrom erzeugte Stromwärme dient fast
ausschließlich zur Aufladung der Wärmekapazität der Leitungen,
da man wegen der Kürze der Zeit von einer erheblichen äußeren
Ableitung der Wärme absehen darf. Die Erwärmung durch den
konstanten Dauerkurzschlußstrom allein steigt daher linear an.
Sie ist

$$\vartheta = \frac{\varrho}{c} i_k{}^2 t \tag{56}$$

und hängt außer von dem spezifischen Widerstand ϱ und der spezifischen Wärme c der Raumeinheit des Leitermaterials lediglich vom Quadrat der Stromdichte i_k des Dauerstromes ab. Für warmes Kupfer sind die Materialkonstanten

$$\varrho = \frac{1}{45}\,\frac{\Omega\,\mathrm{mm}^2}{\mathrm{m}} \quad \text{und} \quad c = 3{,}5\,\frac{W\,\mathrm{sec}}{{}^0\mathrm{C}\,\mathrm{cm}^3}.$$

Der Stoßkurzschlußstrom bewirkt natürlich eine stärkere Erwärmung und verursacht besonders unmittelbar nach dem Einsetzen der Stromspitze einen schnelleren Anstieg der Temperatur. In Abb. 45 ist der Verlauf der Erwärmung über den Normalzustand dargestellt, der durch den Stoß- und Dauerkurzschlußstrom gemeinsam erzeugt wird. Da die Erwärmung sich asymptotisch einer ansteigenden Geraden nach Gleichung (56) nähert, so kann man sie entsprechend Abb. 45 für alle Zeiten nach Ablauf der ersten Spitzen dadurch bestimmen, daß man der Kurzschlußzeit t noch eine Zuschlagszeit $\varDelta t$ hinzufügt, für die sich durch Integration des abklingenden Stoßstromverlaufes näherungsweise die Beziehung ergibt

$$\varDelta t = \left(\frac{J_s}{1{,}8\,J_k}\right)^2 \left(T_1 + \frac{1}{2}\,T_2\right). \tag{57}$$

Die Zuschlagszeit wird also bestimmt durch die Abklingungszeitkonstanten des Gleichstrom- und Wechselstromanteiles des Kurzschlußstoßes. Daß die kleine Ständer-Zeitkonstante mit dem vollen und die große Läufer-Zeitkonstante nur mit dem halben Gewichte auftritt, liegt daran, daß der vom Läufer erzeugte Wechselstromanteil bei gleicher Amplitude nur den halben Effektivwert besitzt wie der am Ständer hängende Gleichstromanteil.

Da die Stromwärme vom Quadrat der Stromstärke abhängt, so nähert sich die wirkliche Erwärmungskurve ihrer Asymptote sehr schnell, so daß man diese Berechnungsweise auch schon lange vor vollständigem Abklingen des Stoßkurzschlußstromes anwenden darf. Auf Grund der Auswertung zahlreicher Oszillogramme, besonders auch nach Abb. 31 und 32, liegen die Zeitkonstanten des dreiphasigen Kurzschlusses bei üblichen großen

Generatoren für den vom Ständer erzeugten Gleichstrom in der Größe

$$T_1 = 0{,}05 - 0{,}1 - 0{,}2 \text{ sec}$$

und für den vom Läufer erzeugten Wechselstrom in der Größe

$$T_2 = 0{,}5 - 1 - 2 \text{ sec}.$$

Es ergibt sich daher im Mittel aller Maschinen die Zuschlagszeit bei 2,5fachem Dauer- und 15fachem Stoßkurzschlußstrom nach Gleichung (57) zu

$$\varDelta t = \left(\frac{15}{1{,}8 \cdot 2{,}5}\right)^2 \left(0{,}1 + \frac{1}{2}\, 1\right) = 6{,}7 \text{ sec}.$$

Dies ist ein sehr erheblicher Zuschlag, den man zur wirklichen Auslösezeit der Schalter noch addieren muß, um die gesamte in Gleichung (56) eingehende Zeit für die Kurzschlußerwärmung zu erhalten.

Bei einphasigem Kurzschluß ändert sich die Zuschlagszeit $\triangle t$ nur unwesentlich. Einerseits werden die Dämpfungszeitkonstanten T doppelt so groß, andererseits nimmt der Dauerkurzschlußstrom J_k, dessen Quadrat im Nenner der Gleichung (57) steht, bei zweipoligem Kurzschluß den etwa 1,5fachen Betrag an. Beide Einflüsse halten sich daher angenähert die Wage.

Schaltet man beispielsweise eine Generatorwicklung mit 3 Amp/qmm Stromdichte und 2,5fachem Dauerkurzschlußstrom 10 Sekunden nach Eintritt eines plötzlichen Kurzschlusses ab, so besitzt sie nach Gleichung (56) eine Übererwärmung von

$$\vartheta = \frac{(2{,}5 \cdot 3)^2}{3{,}5 \cdot 45}\,(6{,}7 + 10) = 5{,}4^0\,\text{C}.$$

Man erkennt daher, daß plötzliche Kurzschlüsse, auch wenn sie viele Sekunden bestehen, gesunden Generatorwicklungen kaum gefährlich werden können. Teilkurzschlüsse einzelner Spulen im Generator ergeben allerdings viel höhere Dauerkurzschlußströme und können daher wohl manchmal thermisch zerstörend wirken.

Netzleitungen sind dagegen wesentlich stärker gefährdet. Man erhält z. B. bei einer Leitung mit 2 Amp/qmm normaler Stromdichte und 30fachem Dauerkurzschlußstrom bereits 5 Sekunden nach Eintritt des Kurzschlusses eine Übererwärmung von

$$\vartheta = \frac{(30 \cdot 2)^2}{3,5 \cdot 45}\,(6,7+5) = 267^0\,\text{C}\,.$$

Dies ist bereits ein recht hoher Betrag. Für blanke Leiter pflegt man 300^0 C als höchst zulässige Temperatur anzusehen, so daß diese Erwärmung noch gerade ertragen würde. Für Kabelleitungen pflegt man wegen ihrer Papierisolierung nur

Abb. 46. Durch Kurzschlußströme verbrannte Auslösespulen.

etwa 150^0 C zuzulassen, sie würden daher die eben berechnete Kurzschlußerwärmung nicht vertragen, sondern würden bei häufigerem Eintritt von Kurzschlüssen zerstört werden.

In großen Netzen ist es demnach erforderlich, die Querschnitte aller Leitungen nicht nur nach dem Spannungsabfall und der Dauererwärmung zu berechnen, sondern ihrer Auswahl auch die Kurzschlußerwärmung zugrunde zu legen, die von der Verteilung der Kurzschlußströme entsprechend Abb. 43, von den Zeitkonstanten der Generatoren und von den Auslösezeiten der jeweiligen Schalter abhängt. Besonders gefährdet sind durch diese Kurzschlußerwärmungen natürlich Stromwandler, Relaisspulen und ähnliche Wicklungen mit relativ hoher Strombelastung. Abb. 46 zeigt an dem Bilde eines Schalters die Wirkungen derartiger zerstörter und in Brand geratener Auslösespulen.

Die Zeitkonstanten der Stoßkurzschlußströme sind in erster Linie durch die Größe der Generatoren bestimmt, sie sind jedoch nicht völlig konstant, sondern hängen, wie die früheren Überlegungen zeigen, auch vom Leitungswiderstand der Kurzschlußstrombahnen im Ständerkreise ab, also auch von der Entfernung der Kurzschlußstelle von den Generatoren. Für sehr entfernte Kurzschlüsse verschwindet daher die Wirkung des Gleichstromanteiles mehr und mehr, jedoch sahen wir früher, daß die Dämpfung des Wechselstromanteiles alsdann geringer wird, so daß man für die Berechnung der Erwärmung praktisch keinen wesentlichen Unterschied der Zuschlagszeit gegenüber der Berechnung für Klemmenkurzschluß nach Gleichung (57) erhält.

5. Abschalten der Kurzschlüsse.

Wird ein Kurzschluß einige Zeit nach seiner Entstehung unterbrochen, so setzt die Spannung des Generators nicht sofort mit ihrem vollen Werte ein, da sein Feld ja durch die entmagnetisierende Rückwirkung des Kurzschlußstromes stark geschwächt war. Die Spannung springt vielmehr im Abschaltmoment nur auf einen geringen Betrag, der diesem Restfelde entspricht, und steigt dann allmählich nach Maßgabe der Hauptfeld-Zeitkonstante des Generators bis auf den vollen Betrag an. Dies kann etliche Sekunden dauern, wie man aus Abb. 47 erkennt, in der die Wiederentwicklung der Spannung eines kleineren Turbogenerators oszillographisch dargestellt ist. Gleichzeitig mit dem Öffnen des Kurzschlusses springt der Erregerstrom des Generators auf einen niedrigen Wert, der dem Magnetisierungsstrom des eben genannten Restfeldes entspricht.

Er wächst dann allmählich gemeinsam mit der Spannung wieder
auf seinen vorherigen Endwert an.

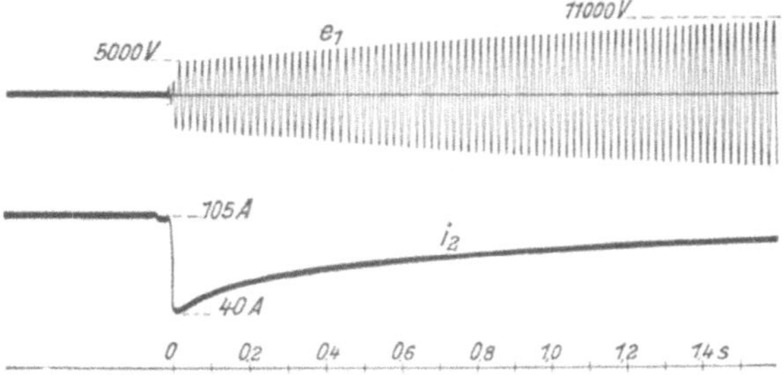

Abb. 47. Verlauf von Wechselspannung e_1 und Erregerstrom i_2 im
Generator nach Abschalten des Kurzschlusses.

Dauert der Kurzschluß nur sehr kurze Zeit, was man ja
am Auslöser des unterbrechenden Schalters einstellen kann, so
ist der Stoßkurzschlußstrom noch nicht vollständig erloschen,
und daher ist auch das Feld des Generators noch nicht auf
seinen Dauerwert abgeklungen. Die Spannung springt dann im
Abschaltmoment auf einen größeren Wert und beansprucht den

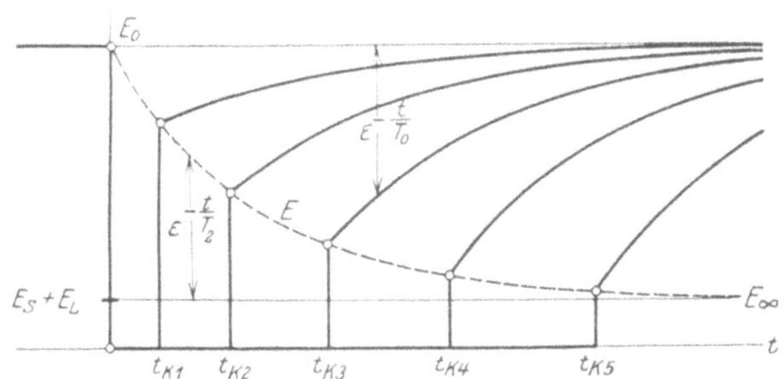

Abb. 48. Verlauf der Abschaltspannung nach dem Kurzschluß
für verschieden lange Kurzschlußzeiten.

Schalter während des Ausschaltvorganges entsprechend stärker.
In Abb. 48 ist dargestellt, wie das Läuferfeld und damit die
wirksame EMK E im Generator vom Anfangswert E_0 nach einer
Exponentialkurve mit der Läuferzeitkonstante T_2 bis auf
den Endwert $E_S + E_L$ abklingt, der sich stets nach Abb. 9

und 11 bestimmen läßt. Für fünf verschieden lange Kurzschlußzeiten t_k ist das Hochspringen der Spannung nach dem Abschalten bis auf diesen Exponentialwert eingezeichnet, der sich
danach leicht zahlenmäßig berechnen läßt. Von da ab steigt
die Spannung weiter mit der Hauptfeldzeitkonstante T_0
bis zum ursprünglichen Wert vor dem Kurzschluß, oder auch
noch weiter bis zum Leerlaufswert, falls der Generator vorbelastet war und inzwischen seine Last abgeschaltet wurde.

Um eine geringe Abschaltleistung im Schalter zu
erhalten, empfiehlt es sich daher, die Auslösezeiten

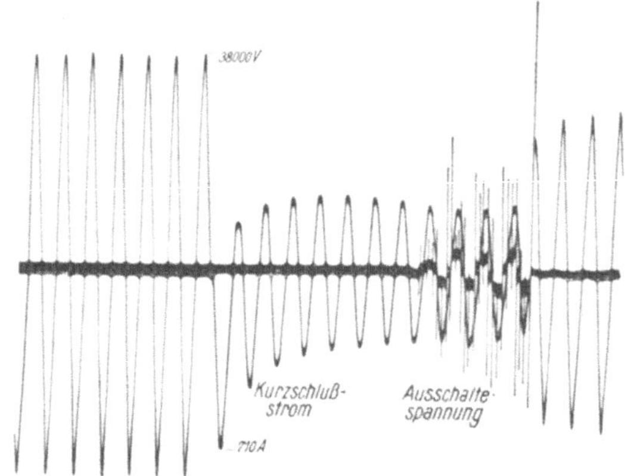

Abb. 49. Spannungsstöße beim Unterbrechen eines schweren
Kurzschlusses.

in der Nähe der Generatoren nicht gar zu kurz zu
machen. Man erhält beispielsweise bei einer Zeitkonstante für
einphasigen Kurzschluß von $T_2 = 2$ sec und einer Auslösezeit von
$t_k = 4$ sec bereits eine Reduktion der Abschaltespannung auf
etwa $30\,^0/_0$ der Netzspannung. Bei Kurzschlüssen weit ab vom
Generator sinkt das Feld und seine EMK nach Abb. 16 nur
um ein geringes Maß, so daß man dort keinen erheblichen
Gewinn von langen Abschaltezeiten mehr hat.

Ein guter Schalter soll den Strom innerhalb weniger Wechsel-
stromperioden unterbrechen, so daß die Spannung wie in Abb. 47
ohne Störung wieder erscheinen kann. Ist der Schalter jedoch
zum Unterbrechen des auftretenden Kurzschlußstromes zu klein

bemessen, worüber bisher nur die Erfahrung entscheiden kann, so können an ihm schwere Störungen auftreten, was Abb. 49 an einem Beispiel zeigt. Es haben sich dort während des Ausschaltens flackernde Lichtbögen mit starken Überspannungsspitzen und hohen Druckstößen entwickelt, die Ölfontänen aus dem Schalter schleudern können und, wie wir früher sahen, sogar zu Explosionen des Schalters und seiner Umgebung führen können.

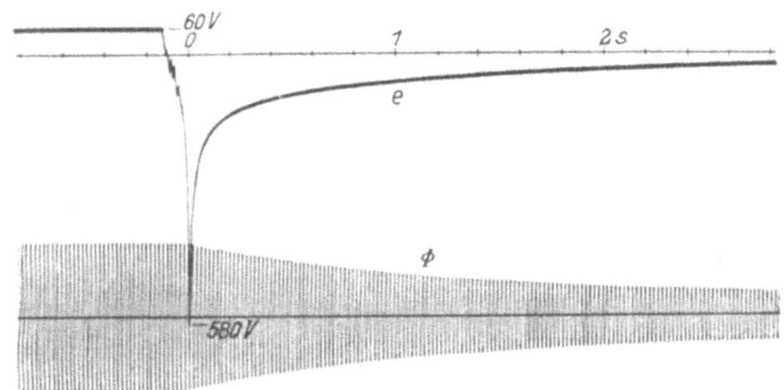

Abb. 50. Verlauf von Feldstärke Φ und Spannung e im Erregerkreis eines Turbogenerators nach plötzlichem Öffnen desselben.

Man sucht deshalb in neuerer Zeit das Abschalten der schwersten Kurzschlußströme im Kraftwerk nicht durch Öffnen des Hauptschalters, sondern durch Ausschalten der Erregung der Generatoren zu bewirken, oder wenigstens zu erleichtern, wodurch natürlich die Ölschalter weitgehend geschont werden. Das plötzliche Herausreißen des Erregerstromes wendet man nicht gern an, weil dann nach dem Oszillogramm der Abb. 50 erhebliche Ausschaltüberspannungen im Erregerkreis entstehen. Dieselben haben allerdings nicht die gefährliche Größe, die man manchmal annimmt, weil das Hauptfeld der Maschine durch die Wirkung der Wirbelströme in den massiven eisernen Läuferteilen nur recht langsam abklingt. Dadurch wird natürlich auch das Absinken der Ständerspannung stark verzögert, was Abb. 50 gut erkennen läßt. Ein Parallelwiderstand zur Läuferwicklung vermindert zwar nach dem Oszillogramm der Abb. 51 die Überspannung im Läuferkreis erheblich, er bewirkt aber dauernde Energie-

verluste und verlängert gleichzeitig die Abklingungszeit des
Feldes und der Ständerspannung auf noch größere Werte.

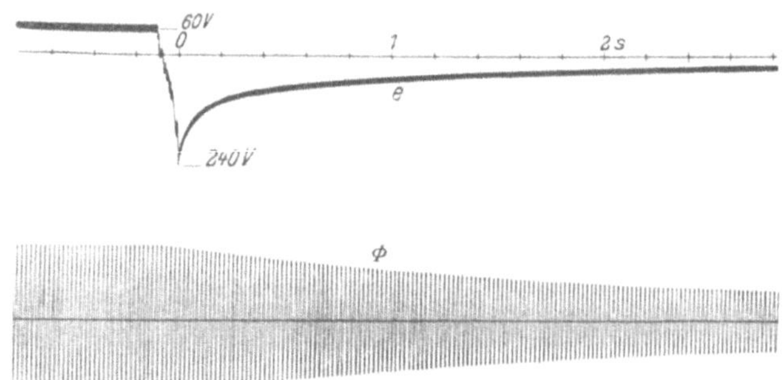

Abb. 51. Verlauf von Feldstärke Φ Spannung e und im Erregerkreis
eines Turbogenerators nach Öffnen über 8fachen Parallelwiderstand.

Schaltet man zum Zwecke der Feldschwächung nach Abb. 52
einen Serienwiderstand R in den Erregerkreis des Generators,
so bleibt ein erheblicher Reststrom und daher eine gewisse

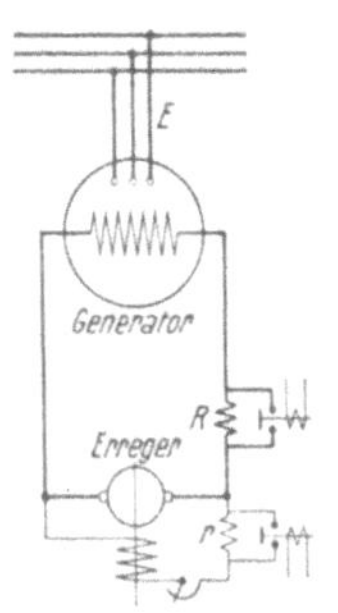

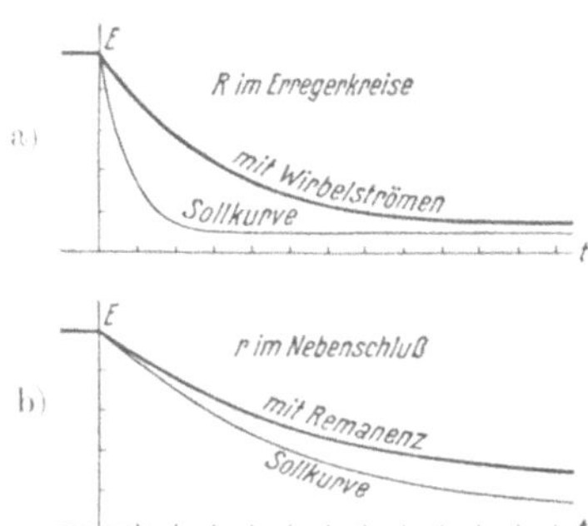

Abb. 52. Entregung des Generators durch Widerstand im
Erregerkreise oderNebenschluß-
kreise.

Abb. 53. Verlauf der Generator-
spannung nach Einschaltung von
Widerstand in den Erregerkreis
oder Nebenschlußkreis.

Restspannung im Wechselstromgenerator bestehen, wie es
Abb. 53a darstellt. Auch jetzt verschwindet das Feld wegen der
Wirkung der Wirbelströme nur recht langsam. Noch schlechtere
Ergebnisse erhält man durch Einschalten eines feldschwächen-
den Widerstandes r nach Abb. 52 in den Nebenschlußkreis der

Erregermaschine, eine Anordnung, die wegen der geringen Abmessungen des Widerstandes häufig ausgeführt wird. Wegen der Remanenzspannung der Erregermaschine bleibt auch hierbei ein erheblicher Erregerstrom im Generator bestehen, so daß die Netzspannung nicht vollständig verschwindet. Bei modernen Anlagen bleibt im allgemeinen eine Restspannung des Generators von 20 bis 30 % bestehen. Dieser hohe Betrag rührt daher, daß die Erregermaschine für sehr starke Spannungsregulierung zwischen Leerlauf und Vollast des Generators gebaut sein muß und daher auch bei Generatorleerlauf eine der Höchsterregung entsprechende Remanenzspannung besitzt. Bei 5 % Remanenz des Erregermaschinenfeldes und einer Erregerstromregulierung von 1 : 5 erhält man beispielsweise 25 % Remanenzstrom im Erregerkreis des leerlaufenden Generators und im Ständerkreise eine Wechselspannung, die noch um das Maß der

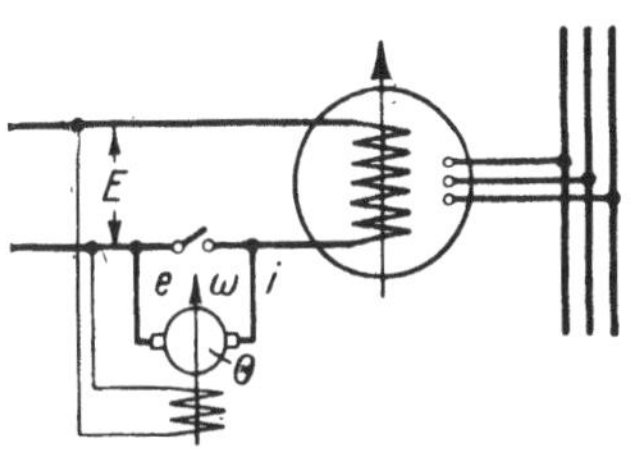

Abb. 54. Ausschaltmotor im Erregerkreis des Generators.

Generatorremanenz größer ist. In Abb. 53 b ist das langsame Abklingen des Feldes auf einen beträchtlichen Grenzwert bei dieser Anordnung dargestellt. Man sieht, daß Wirbelströme und Hysteresis der Magnetfelder auch diese letzte Entregungsmethode sehr stark stören. Immerhin reicht sie für zahlreiche Fälle aus.

Notwendig wird jedoch eine wirkliche Schnellentregung des Generators in dem gefährlichsten Falle eines inneren Kurzschlusses im Ständer, bei dem man nur durch schnellstes Wegblasen des Generatorfeldes die Wicklung vor dem vollständigen Verbrennen retten kann. Wir besitzen ein brauchbares Mittel hierfür im Ausschaltmotor, dessen Anker man nach dem Schaltbild der Abb. 54 durch Öffnen eines Schalters in den Erregerstromkreis des Generators legen kann, während sein Feld dauernd fremderregt ist. Der Anker wird im ersten Augenblick, während er noch stillsteht, vom vollen Erregerstrom durchflossen. Er beschleunigt sich daher sehr schnell bis auf seine normale Drehzahl, die der Erregermaschinenspannung entspricht. Unter der Wirkung der Selbstinduktion des Generatorfeldes, die ihren Strom aufrecht zu erhalten sucht, schießt er sogar zeitweise über diese Drehzahl hinaus und bewirkt schließlich durch seine Gegenspannung, daß nur noch der äußerst schwache Leerlaufstrom des Ausschaltmotors

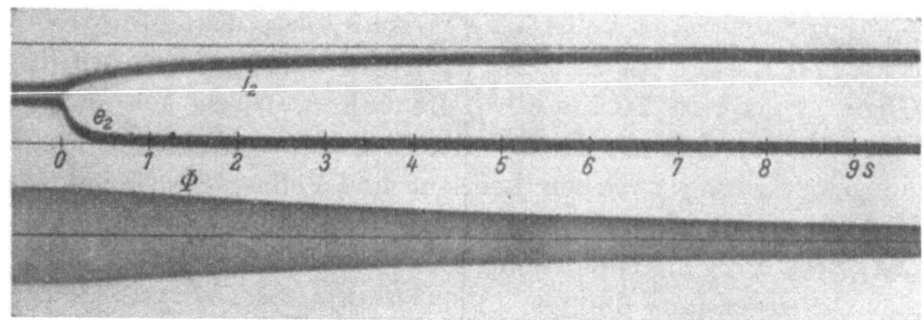

Abb. 55. Feldverlauf Φ, Läuferstrom i_2 und Läuferspannung e_2 bei der Entregung eines 10 000 kVA-Generators durch Feldschwächung im Nebenschlußkreis

durch die Erregerwicklung des Generators fließt. Zwei oszillographische Aufnahmen werden die Vorgänge am besten veranschaulichen. Abb. 55 zeigt das Entregen eines 10000 kVA Drehstromgenerators durch einen Feldschwächungswiderstand

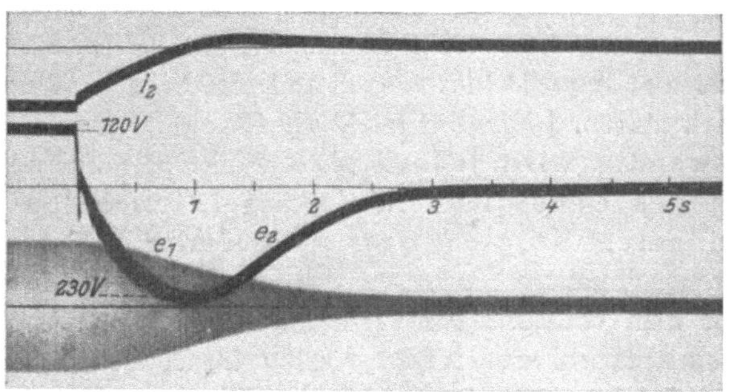

Abb. 56. Schnellentregung des gleichen Generators wie Abb. 55 durch einen Ausschaltmotor.

im Nebenschlußkreis der Erregermaschine nach Abb. 52 und 53 b. Die Ständerspannung ist nach 10 Sekunden erst auf die Hälfte gesunken und war weiterhin nicht unter $35\,^0/_0$ zu bringen. Abb. 56 stellt dagegen die Schnellentregung des gleichen

Generators durch einen kleinen Ausschaltmotor nach Abb. 54 dar, der nur $2^0/_0$ der Maschinenleistung besaß und die Wechselspannung schon nach 3 bis 4 Sekunden zum völligen Verschwinden brachte.

Die Leistung, die der Ausschaltmotor während des Hochlaufens aus dem Erregerkreise aufnimmt, wird, unter Vernachlässigung von Reibung und Widerstand, zur Beschleunigung seiner Ankermasse verwendet. Es ist daher mit Bezug auf Abb. 54

$$e\,i = \frac{d}{dt}\left(\frac{1}{2}\,\Theta\,g\,\omega^2\right) = \Theta\,g\,\omega\,\frac{d\omega}{dt}. \tag{58}$$

Da sich die jeweilige Drehgeschwindigkeit ω zur Endgeschwindigkeit ω_0 genau so verhält wie die jeweilige Spannung e zur Erregermaschinenspannung E, so ist

$$\omega = \frac{e}{E}\,\omega_0, \tag{59}$$

und daher erhält man für den jeweiligen Strom im Anker

$$i = \frac{\Theta\,g\,\omega_0{}^2}{E^2}\,\frac{de}{dt} = C_{\mathrm{dyn}}\,\frac{de}{dt}. \tag{60}$$

Der Zusammenhang der veränderlichen Ankerspannung mit dem Strom ist also genau der gleiche wie bei einem Kondensator, so daß man einen fremderregten Gleichstrommotor als dynamische Kapazität auffassen und verwenden kann. Die Wirkung des Ausschaltmotors nach Abb. 54 ist daher die gleiche, die ein großer Kondensator besitzen würde, den man in den Erregerkreis schaltete. Dadurch ließe sich bekanntlich ein schnelles und funkenfreies Ausschalten der starken Magnetfelder erzielen, wenn es nicht sehr schwierig wäre, große Kondensatoren herzustellen. Diese Schwierigkeit ist durch den Ausschaltmotor überwunden. Er besitzt nach Gleichung (60) eine dynamische Kapazität

$$C_{\mathrm{dyn}} = \frac{\Theta\,g\,\omega_0{}^2}{E^2} = \left(\frac{\pi}{60}\right)^2 \frac{n_0{}^2\,GD^2}{E^2}, \tag{61}$$

die lediglich durch seine normale Drehzahl n, die normale Spannung E und das Schwungmoment des Ankers GD^2 bestimmt ist und daher leicht auf große Werte gebracht werden kann.

5*

Beispielsweise erhält man für einen bestimmten Gleichstrommotor von 3 kW normaler Leistung

$$C_{\mathrm{dyn}} = \frac{1}{365}\,\frac{1500^2 \cdot 5}{110^2} = 2{,}5 \text{ Farad,}$$

also eine außerordentlich große Kapazität, die sich durch Aufsetzen eines Schwungrades noch leicht weiter vergrößern ließe.

Während der Ausschaltmotor besonders bei fremderregten Maschinen aller Art am Platze ist, besitzen wir bei Generatoren mit Eigenerregung ein noch einfacheres Mittel zur schnellen Entregung. Durch Einschalten eines Schwingungswiderstandes vor den Anker der Erregermaschine läßt es sich erreichen, daß die Stromverteilung im gesamten Erregerkreis labil wird und

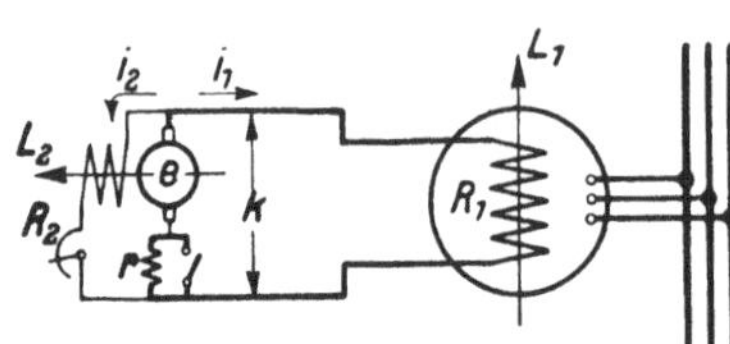

Abb. 57. Schwingungswiderstand im Ankerkreis der Erregermaschine.

zum schnellen Zusammenbrechen kommt. Abb. 57 stellt die Schaltung für diese Anordnung schematisch dar, über deren Wirkungsweise man ein anschauliches Bild erhält, wenn man einen extremen Fall betrachtet. Würden wir nämlich bei vollem Betrieb der Maschine den Erregeranker plötzlich unterbrechen, beispielsweise durch Abheben einer Bürste, so würde der Erregerstrom des Generators unter der Wirkung seiner großen Selbstinduktion trotzdem weiter zu fließen suchen. Er würde sich seinen Weg nach Abb. 57 durch die Nebenschlußwicklung der Erregermaschine bahnen und diese dabei umpolen. Schließen wir den Erregeranker jetzt wieder an, so vernichtet seine nunmehr entgegengesetzt gerichtete Spannung den Erregerstrom sehr schnell und kehrt ihn um.

Dieses Umpolen der Generatorerregung kann nun auch eintreten, wenn man den Erregeranker nicht vollständig abschaltet, sondern ihm nach Abb. 57 nur einen angemessen großen Widerstand vorschaltet. Der zunächst weiterfließende Erregerstrom des Generators erzeugt in diesem einen Spannungsabfall, der der Ankerspannung entgegengerichtet ist. Die Spannung an der Nebenschlußwicklung wird daher verringert oder sogar negativ, sodaß sich ein ganz neuer Gleichgewichtszustand von Erregermaschine und Generator einstellen muß. Die dabei auftretenden Ausgleichsvorgänge übersieht man am besten für ungesättigte Maschinen, weil dann die Ankerspannung e der Erregermaschine proportional ihrem Nebenschlußstrom i_2 ist

$$e = N i_2. \tag{62}$$

Bei Vernachlässigung der Eisensättigung ist N ein konstanter Wert, der im wesentlichen von den Windungsverhältnissen und der Drehzahl der Maschine abhängt. Gleichung (62) ist die Charakteristik der Erregermaschine.

Die Erregerspannung der Wechselstrommaschine ist andererseits mit den Bezeichnungen der Abb. 57

$$k = e - r(i_1 + i_2), \tag{63}$$

wobei r den gesamten Widerstand im Ankerzweige der Erregermaschine bedeutet. Da die Feldwicklungen von Erregermaschine und Wechselstromgenerator Selbstinduktion besitzen, so ist das Gleichgewicht ihrer Spannungen gegeben durch

$$L_2 \frac{di_2}{dt} + R_2 i_2 = k = L_1 \frac{di_1}{dt} + R_1 i_1. \tag{64}$$

Aus diesen drei Beziehungen ergibt sich für jeden der Ströme i_1 und i_2 die Differentialgleichung

$$\left. \begin{aligned} &\frac{d^2 i}{dt^2} + \left(\frac{R_1 + r}{L_1} + \frac{R_2 + r}{L_2} - \frac{N}{L_2} \right) \frac{di}{dt} \\ &\quad + \left(\frac{R_2}{L_2} \frac{R_1 + r}{L_1} - \frac{R_1}{L_1} \frac{N - r}{L_2} \right) i = 0; \end{aligned} \right\} \tag{65}$$

die den zeitlichen Verlauf der Ströme bestimmt.

Je nach den Zahlenwerten der Klammerglieder können sich hiernach bekanntlich anwachsende, konstante oder abklingende Ströme, und zwar Gleichströme oder Wechselströme, einstellen. Für den normalen Betrieb wünscht man eine stationäre Selbsterregung mit Gleichstrom. Dafür ist zunächst das Verschwinden der Dämpfung, also der Klammer des zweiten Gliedes, notwendig. Die Bedingung für Selbsterregung ist daher

$$N \geqq (R_2 + r) + \frac{L_2}{L_1}(R_1 + r). \tag{66}$$

N ist dabei nach Gleichung (62) ein Wert, der durch die Neigung der Charakteristik der Erregermaschine gegeben ist. Es ist bekannt, daß diese Charakteristik bei Selbsterregung im Leerlauf gerade durch die Widerstandslinie geschnitten wird. Das letzte Glied von Gleichung (66) stellt eine Korrektur dieser Widerstandslinie dar, die den Einfluß von Selbstinduktion und Widerstand der Generatorerregung, also der Belastung, berücksichtigt.

Man erkennt nun, daß man durch Einschalten eines Widerstandes r vor den Erregeranker die Bedingung (66) außer Kraft setzen und die Maschine entregen kann. Das gleiche könnte man allerdings durch Vergrößern des Nebenschlußwiderstandes R_2 ausführen, jedoch sind beide Mittel von sehr verschiedener Wirksamkeit. Um dies zu erkennen, wollen wir die Frequenz der erzeugten Ströme betrachten, die sich im wesentlichen aus der Klammer des letzten Gliedes der Gleichung (65) bestimmt. Ein positiver Wert des Klammerinhaltes führt auf Schwingungen, ein negativer auf gleichbleibende Ströme. Setzt man die Selbsterregungsbedingung (66) in den Ausdruck der letzten Klammer von Gleichung (65) ein, so erkennt man, daß sich nur dann eine reelle Frequenz, also eine Entwicklung von Eigenschwingungen oder von Wechselströmen ergibt, wenn das Widerstandsverhältnis

$$\frac{r}{R_1} > \frac{T_2}{T_1 - T_2} \tag{67}$$

gehalten wird, wobei hier mit

$$T_1 = \frac{L_1}{R_1}, \qquad T_2 = \frac{L_2}{R_2} \tag{68}$$

die Zeitkonstanten der Erregerwicklung des Generators und der Nebenschlußwicklung der Erregermaschine bezeichnet werden, die bei gegebener Konstruktion im allgemeinen festliegen. Macht man also den Ankervorschaltwiderstand r groß genug, so geraten die Ströme ins Pendeln, und zwar um so leichter, je größer die Zeitkonstante der Wechselstrommaschine und je kleiner die der Erregermaschine ist. Für ein bestimmtes Beispiel eines Turbogenerators mit Erreger ist der Grenzwiderstand

$$\frac{r}{R_1} = \frac{0,3}{4,5 - 0,3} = 7,1\,{}^0/_0.$$

Man erkennt daher, daß unter Umständen bereits ein starker Spannungsabfall im Erregeranker selbst oder ein schlechter Bürstenkontakt Pendeln oder Umpolen der Maschinen hervorrufen kann, was auch hier und da störenderweise beobachtet wurde.

Schaltet man nun nach Abb. 57 einen so großen Widerstand r vor den Erregeranker, daß die Eigenschwingungs-

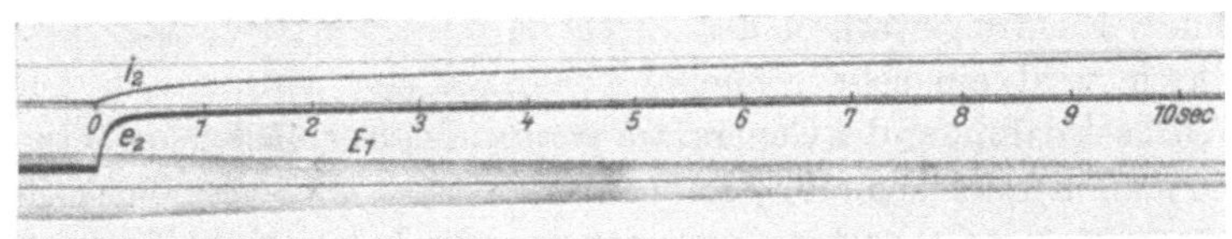

Abb. 58. Ständerspannung E_1, Läuferstrom i_2 und Läuferspannung e_2 bei der Entregung eines 2500 kVA Generators durch Feldschwächung im Nebenschlußkreis.

bedingung (67) erfüllt wird, und daß außerdem die Selbsterregungsbedingung (66) nicht erfüllt wird, so geraten alle Erregerströme und Spannungen des Systems ins Pendeln und verlöschen nach wenigen Schwingungen. Es hat sich in der Praxis ergeben, daß ein Schwingungswiderstand r von der Größenordnung des Läuferwiderstandes R_1 des Generators in allen Fällen günstige Resultate liefert.

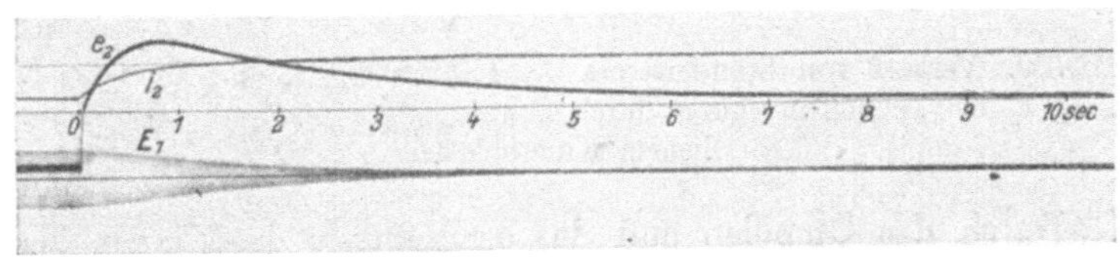

Abb. 59. Schnellentregung des gleichen Generators wie Abb. 58 durch einen Schwingungswiderstand.

In Abb. 58 ist die gewöhnliche Entregung eines 2500 kVA-Turbogenerators durch Einschalten eines Feldschwächungswiderstandes in den Nebenschluß der Erregermaschine nach Abb. 52 oszillographisch dargestellt. Die Wechselspannung verschwindet außerordentlich langsam und ist nach 10 Sekunden erst auf die Hälfte ihres ursprünglichen Wertes gefallen. Die Fortsetzung des Oszillogrammstreifens zeigte, daß sie nach etwa 40 Sekunden auf ihrem Endwert angelangt ist, der immer noch $30^0/_0$ der ursprünglichen Wechselspannung beträgt, eine Höhe, die durch die Remanenz der Erregermaschine bedingt ist. Beim Oszillogramm der Abb. 59 wurde die gleiche Maschine durch Einschalten eines Schwingungswiderstandes von der Größe des Läuferwiderstandes entregt. Die Erregermaschine polt sich momentan um und bewirkt dadurch nach einiger Zeit auch einen Richtungswechsel des Erregerstromes im Generator. Dadurch wird ein sehr schnelles Abklingen des Feldes und der Wechselspannung des Generators verursacht, der nach 4 bis 5 Sekunden bereits spannungslos geworden ist. Daß die Wechselspannung des Generators langsamer verschwindet als ihr Erregerstrom, liegt wiederum an der verzögernden Wirkung der Wirbelströme in den massiven Eisenteilen des Läufers.

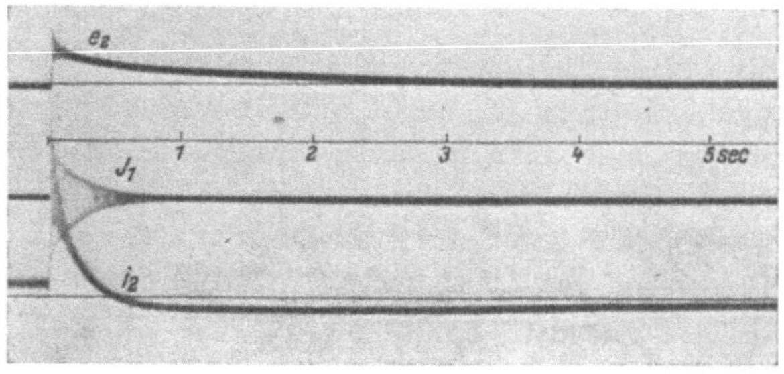

Abb. 60. Verlauf von Ständerstrom J_1, Läuferstrom i_2 und Läuferspannung e_2 bei Schnellentregung durch Schwingungswiderstand nach plötzlichem Kurzschluß.

Durch das Umpolen und das oszillierende Ausklingen der Erregerströme wird bei dieser Anordnung die Remanenz von Wechselstromgenerator und Erregermaschine sehr weitgehend vernichtet, so daß man eine wirklich vollständige Schnellentregung der Maschine erhält. Die Entregung ist nach einigen Sekunden meistens so vollständig erfolgt, daß die Erregermaschine von selbst gar nicht wieder auf Spannung kommt. Um für den normalen Betrieb die Selbsterregung wieder zur Wirkung zu bringen, genügt es natürlich, kurzzeitig eine Hilfsspannung von wenigen Volt an die Nebenschlußwicklung zu legen, die das Remanenzfeld wieder aufbaut,

Schaltet man den Schwingungswiderstand r nach Abb. 57
unmittelbar nach einem Kurzschluß des Wechselstromgenerators
ein, wofür sich leicht automatische Einrichtungen bauen lassen,
so wirkt er noch energischer als nach vorausgegangenem Leerlauf
oder Normalbetrieb. Denn durch den plötzlichen Kurzschluß
wird auch der Erregergleichstrom des Generators verstärkt, wie
die Oszillogramme Abb. 17 und 18 zeigen, und dadurch wird
die Erregermaschine noch kräftiger umgepolt, so daß die vollständige Entregung selbst bei großen Generatoren bereits in
1 bis 2 Sekunden beendet ist. Abb. 60 stellt ein Oszillogramm
einer solchen Schnellentregung eines großen Generators nach
einem plötzlichen Kurzschluß dar.

Neuere Literatur.

1. Einleitung und Allgemeines.

J. Biermanns: Magnetische Ausgleichsvorgänge in elektrischen Maschinen. Berlin 1919.

R. Rüdenberg: Elektrische Schaltvorgänge und verwandte Störungserscheinungen in Starkstromanlagen. Berlin 1923.

R. Rüdenberg: Kurzschlußströme beim Betrieb großer Kraftwerke. El. u. Maschinenb. 1925, S. 77.

2. Dauerkurzschluß im Netz.

G. Gormann: Über die Berechnung der Kurzschlußströme in Leitungsnetzen. ETZ 1918, S. 444.

Fr. Kade: Der Einfluß der Dämpferwicklung auf einachsig kurzgeschlossene Synchronmaschinen. Arch. Elektrot. Bd. 12, S. 345. 1923.

O. R. Schurig: Experimental determination of short-circuit currents in electric power networks. J. Am. Electr. Engs. 1923, S. 605.

R. E. Doherty: A simplified method of analyzing short-circuit problems. J. Am. Electr. Engs. 1923, S. 1021.

P. Boucherot u. Ch. Lavanchy: Méthodes actuelles de détermination des courants de court circuit sur les réseaux à courant alternatif. Conférence internationale des grands réseaux électriques 1923, S. 1083.

R. Rüdenberg: Über die Vorausbestimmung des Dauerkurzschlußstromes von Wechselstromgeneratoren. Wissenschaftl. Veröffentl. aus dem Siemens-Konzern. Bd. 3, H. 2, S. 197. 1924.

Th. Panzerbieter: Kurzschlußstrom bei Doppelerdschluß. ETZ 1924, S. 719.

J. Fallou: Sur la détermination de la réactance de dispersion des alternateurs synchrones. Rev. gén. électr. Bd. 16, S. 491. 1924.

F. Ollendorff: Berechnung des ein-, zwei- und dreipoligen Dauerkurzschlußstromes in Kraftwerken und Netzen. ETZ 1925, S. 761.

3. Plötzlicher Kurzschluß des Generators.

W. Rogowski: Der Kurzschlußstrom eines Wechselstromgenerators. Arch. Elektrot. Bd. 11, S. 147. 1922.

A. Mandl: Der Kurzschlußstrom eines Wechselstromgenerators. El. u. Maschinenb. 1923, S. 609.

W. V. Lyon: Transient conditions in electric machinery. J. Am. Electr. Engs. 1923, S. 388.

F. Häberli: Das generatorische Verhalten von Einankerumformern bei Kurzschlüssen. BBC-Mitteilungen Baden 1924, S. 3.

C. M. Laftoon: Short circuits of alternating-current generators. J. Am. Electr. Engs. 1924, S. 736.

H. Rikli: Experimentelle Untersuchung über den plötzlichen Kurzschluß von Wechselstromgeneratoren. Bull. des Schweiz. Elektrotechn. Vereins 1925, S. 217.

4. Wirkung der Kurzschlußströme im Netz.

W. Petersen: Überstrom- und Überspannungsschutz. Mitt. V. El.-Werke 1920, S. 275.

H. C. Louis und C. T. Sinclair: The effect of high currents on disconnecting switches. J. Am. Electr. Engs. 1922, S. 267.

A. Rachel: Überstrom- und Überspannungsschutz, insbesondere bei verkuppelten Netzen. Mitt. V. El.-Werke 1923, S. 305.

A. Matthias: Kurzschlußwirkungen in großen Netzen. Mitt. V. El.-Werke 1923, S. 397.

J. Biermanns: Kurzschlußkräfte an Transformatoren. Bull. des Schweiz. Elektrotechn. Vereins 1923, S. 212.

E. Vedovelli: La sélection. Protection des réseaux contre les surintensités. Rev. gén. électr. Bd. 13, S. 7. 1923.

F. H. Kierstead: The development of current limiting reactors and their shunting resistors. Gen. El. Rev. 1923, S. 560.

R. E. Doherty und F. H. Kierstead: Short-circuit forces on reactor supports. J. Am. Electr. Engs. 1923, S. 832.

J. Hak: Zur Berechnung der in Reaktanzspulen auftretenden Beanspruchungen. El. u. Maschinenb. 1924, S. 17.

F. Finckh: Innere Kurzschlüsse bei Hochspannungs-Turbodynamos. Mitt. V. El.-Werke 1924, S. 62.

F. Müllner: Stromkräfte in Transformatorwicklungen. El. u. Maschinenb. 1924, S. 679.

D. K. Blake: Improving central station service by the application of current-limiting reactors to distribution feeders. Gen. El. Rev. 1924. S. 361.

W. M. Dann: Current-limiting reactors. J. Am. Electr. Engs. 1924. S. 1050.

5. Abschalten der Kurzschlüsse.

F. Leyerer: Über Wechselstromselbsterregung von Gleichstrommaschinen. Arch. Elektrot. Bd. 9, S. 95. 1920.

L. Fleischmann: Selbsterregung einer Gleichstromnebenschlußmaschine für Wechselstromabgabe. Arch. Elektrot. Bd. 9, S. 403. 1921.

R. E. Doherty: Exciter instability. J. Am. Electr. Engs. 1922, S. 731.

O. Lasche: Neuzeitliche Gesichtspunkte beim Bau und im Betrieb von Turbodynamos. Mitt. V. El.-Werke 1923. S. 289.

A. Roth: Beiträge zur Frage des Schutzes gegen Überspannungen und Überströme in Hochspannungsanlagen. El. u. Maschinenb. 1924, S. 477.

R. Pohl: Der Einfluß des Stromreglers auf das Abklingen des Kurzschlußstromes von Turbogeneratoren. ETZ 1924, S. 805.